ニュートン ミリタリーシリーズ

第二次世界大戦の
日本の航空機 大図鑑

Japanese Aircraft of World War II 1937-1945

トーマス・ニューディック＝著
源田 孝＝監修・訳

NEWTON PRESS

This translation of Technical Guide: Japanese Aircraft of WWII first published in 2024
is published by arrangement with Amber Books Ltd.
through Tuttle-Mori Agency, Inc., Tokyo

contents

はじめに

日本陸海軍航空隊は，戦間期に急速に発達したが，日中戦争と太平洋戦争の成功体験を経た後，1942年半ばから流れは徐々に後退していった。

日本陸軍が最初に気球を装備したのは1870年であり，その後，日露戦争で初めて使用した。1910年，陸軍は将校を初めてヨーロッパに派遣し，飛行訓練を受けさせた。その先覚者は，その年に帰国し，航空機を日本に持ち帰った。1919年，陸軍航空部が正式に発足し，フランス製の航空機を購入した。1925年，陸軍航空本部が設立され，まもなく日本で設計し，製作された航空機を装備するようになった。

陸軍航空隊は，1920年のシベリア出兵で初めてソ連（旧ソビエト連邦）軍と戦い，1928年の済南事件で中国軍と戦った。その後，日本陸軍は1931年の満洲事変とその翌年に起きた第1次上海事変にも航空隊を集中的に投入した。すでに日本製の航空機を装備していた陸軍航空隊は，またたく間に中国大陸での航空優勢を獲得した。

これらの成功体験と，同時期に起きた次の大規模紛争である1937年

太平洋戦争のほとんどの期間，海軍の主力攻撃機であった三菱重工業の一式陸上攻撃機は，長い航続性能を誇っていたが，連合軍の戦闘機と交戦した場合は脆弱であった。

の第2次上海事変を経て，さらなる機種更新を進めて戦力を強化した。日本陸軍の航空機は，また張鼓峰とノモンハンで起きたソ連との国境紛争の戦闘に参加した。これらの戦いでは陸地上空での短距離離戦をますます重視するようになり，このことが来るべき連合軍との戦いに影響を与えることになる。

1941年に太平洋戦争が始まり，日本海軍の空母機動部隊が，真珠湾に停泊しているアメリカ海軍の艦艇を奇襲攻撃して成功し，海軍における航空部隊優位の道筋をつけた。

1942年6月，所沢陸軍飛行場に配備された飛行第50戦隊所属の中島飛行機製一式戦闘機一型丙「隼(はやぶさ)」，連合軍コードネームは“オスカー”。太平洋戦争初期の陸軍の主力戦闘機であり，大きな戦果を挙げたが，高性能の連合軍戦闘機と交戦して，火力と防御能力が不足していることが明らかになった。

空のパイオニアたち

海軍航空隊は1912年に創設され，航空部隊は，戦間期の1920年初頭に航空機を艦艇に搭載して，初めて航空作戦を行った。空母航空隊の先覚者であった日本海軍は，日本陸軍と同様に，1920年代から1930年代にかけて中国軍と戦い，第2次上海事変で全盛期を迎えた。空母艦載機の活躍と同様に，陸上攻撃機が長距離爆撃に成功して戦果を挙げた。日本海軍は，中国との戦争で多くの教訓を学び，空母艦載機と陸上攻撃機の二つの航空戦力は，再び連合軍との空の戦いで，最前線で活躍することになる。

海軍の三菱重工業製九六式陸上攻撃機は，1930年代を通じて活躍したが，1942年半ば頃から，第一線から退いていった。

太平洋戦争の開戦から9か月の間，日本軍は続けざまに勝利を重ね，日本陸海軍航空隊は，戦場ではいかなる連合軍機より優勢であった。しかし，1942年7月には，日本軍の進出は限界に達して戦闘は消耗戦となり，1942年秋から1944年10月までに多くの損害が累積していった。

1944年10月頃には，新型機の配備が強く望まれたが，その時点ではすでに連合軍の攻勢は始まっており，フィリピン上陸作戦の経験から，日本本土までは“飛び石伝い”の戦闘が続くと予想された。日本陸海軍には新型機が配備されたにもかかわらず，航空機とパイロットはともに，質と量の両面で劣勢になっていった。マリアナ諸島，フィリピン，硫黄島，沖縄が続けて陥落するとともに，アメリカ陸軍航空軍の超空の要塞B-29が日本本土爆撃を始めた。

B-29による日本本土爆撃は1944年6月に始まり，日本陸海軍航空隊は本土の防空を強いられた。日本本土の防空を担った戦闘機は，高空を飛ぶB-29を邀撃(ようげき)するには高高度性能が不足していた。その後，日本本土への上陸を予期していた日本陸海軍は，航空機，航空燃料，パイロットを温存するため，航空作戦には多くの制約があった。結果として，1945年8月に広島と長崎に原子爆弾が投下されて太平洋戦争は終わったが，それ以前から，陸海軍航空隊の航空機とパイロットは，戦争の流れを変えるために連合軍に対して必死の神風特別攻撃を行い，多くの犠牲者を出していた。

第1章
陸上爆撃機と偵察機

1930年代初め，中国東北部の戦闘で勝利した日本は，満洲の地に傀儡国家「満洲国」を建国し，それを契機として，日本陸軍は大改革に乗り出し，航空隊は新型機の開発と航空機の増産を進めた。この章では，次の陸上爆撃機と偵察機を説明する。

・九六式陸上攻撃機
（三菱重工業, G3M, “ネル”）

・九七式司令部偵察機
（三菱重工業, キ15, “バブス”）

・九七式重爆撃機（三菱重工業, キ21, “サリー”）

・九七式軽爆撃機（三菱重工業, キ30, “アン”）

・九九式襲撃機（三菱重工業, キ51, “ソニア”）

・九九式双発軽爆撃機（川崎航空機, キ48, “リリィ”）

・百式重爆撃機「呑龍（どんりゅう）」（中島飛行機, キ49, “ヘレン”）

・百式司令部偵察機（三菱重工業, キ46, “ダイナ”）

・一式陸上攻撃機（三菱重工業, G4M, “ベティ”）

・四式重爆撃機「飛龍（ひりゅう）」（三菱重工業, キ67, “ベギィ”）

海軍航空隊所属の三菱重工業製九六式陸上攻撃機，連合軍コードネームは“ネル”である。機体番号はM-372。1942年。

九六式陸上攻撃機
（三菱重工業, G3M, “ネル”）

太平洋戦争初頭のマレー沖海戦でイギリスの戦艦を撃沈して一躍有名になった三菱重工業の九六式陸上攻撃機は，戦間期に開発された攻撃機／輸送機であり，当時としては，世界で最も航続性能の優れた双発中型攻撃機の一つであった。

九六式陸上攻撃機一一型（G3M1）
全備重量：7,642kg
諸元：全長16.45m，全幅25.00m，全高3.69m
エンジン：離昇出力910馬力，三菱空冷星型「金星3」×2
速度：高度2,000mで時速348km
航続距離：不明
実用上昇限度：7,480m
武装：7.7mm×3（前上方，後上方，後下方），爆装：魚雷800kg×1，または同重量の爆弾
乗員：5名

九六式陸上攻撃機は，海軍の双発陸上攻撃機／双発輸送機の要求に応じたもので，三菱重工業は社内名「カ15」として1934年から開発を始めた。海軍は，陸上基地から発進し，長距離を進出して敵の艦艇を撃破する爆弾搭載量の大きな攻撃機を求めており，三菱重工業は，当時の海軍航空本部技術部長山本五十六（やまもといそろく）少将等の構想を取り入れて，九試陸上攻撃機を完成させた。

九試陸上攻撃機は片持ち中翼の単葉機で，主脚は引き込み式である。当初，呉市広の第十一海軍航空廠が製造した750馬力の「九一式」液冷エンジンを2基搭載していた。九試陸上攻撃機のライバルは，中島飛行機の「LB-2」であったが，三菱重工業は，「カ9」長距離偵察機を開発して得た技術を九試陸上攻撃機に取り入れて，海軍の要求を満足させた。こうして製作された九試陸上攻撃機は，ライバル機との競争に勝った。

試作機

「九一式」エンジンを搭載した九試陸上攻撃機は，1935年7月に初飛行した。九試陸上攻撃機は，全部で

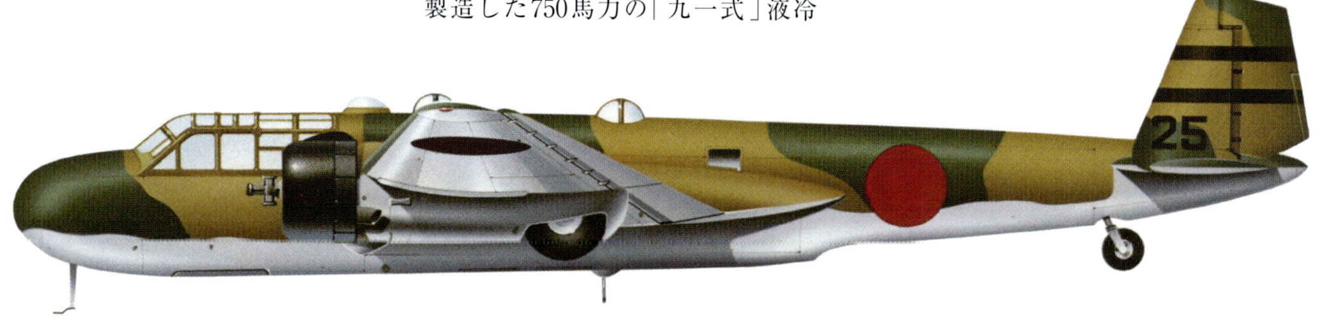

九六式陸上攻撃機一一型
1937年8月，九州の大村海軍航空基地に展開した木更津海軍航空隊の九六式陸上攻撃機一一型。日中戦争では南京と蘇州を爆撃した。

九六式陸上攻撃機一一型
木更津海軍航空隊の別の九六式陸上攻撃機一一型であり，1937年4月に部隊に配備された。1937年8月，朝鮮の済州島から出撃して中国本土を爆撃した。

20機足らずの機体が製作され，異なるエンジンとプロペラを搭載して試験が行われた。テストされたさまざまなエンジンの中には，三菱金星2型と3型のラジアルエンジンがあり，搭乗員は日本とアメリカの両方から調達された。合計で6種の異なる形態の九試陸上攻撃機が製作されてテストを受けたが，2号機は事故で失われている。

九試陸上攻撃機の審査は成功裏に終わり，海軍は九六式陸上攻撃機一一型として制式に採用した。別名三菱G3M1。

一一型として生産された最初のロットは34機で，出力910馬力の三菱重工業「金星3」エンジンを搭載していた。しかし，一一型は，海軍の基本的な運用要求は満たしているものの，航空部隊では，改良型を待ち望んでいたため，部隊への配備は制限されていた。

本格的に大量生産されたのは，エンジンを出力1,075馬力の金星41型，または金星42型のラジアルエンジンに換装した九六式陸上攻撃機

九六式陸上攻撃機二二型（G3M2）

最大離陸重量：8,010kg
諸元：全長16.45m，全幅25.00m，全高3.69m
エンジン：離昇出力1,075馬力，三菱空冷星型「金星45」×2
速度：高度4,200mで時速374km
航続距離：4,380km
実用上昇限度：9,130m
武装：7.7mm×3（側方左右，下方），20mm（後上方）×1，爆装：魚雷800kg×1，または同じ重量の爆弾

九六式陸上攻撃機二二型
この三面図は，元山海軍航空隊第2中隊の九六式陸上攻撃機二二型であり，1941年12月にインドシナのサイゴンに展開した。

九六式陸上攻撃機二二型
高雄海軍航空隊第23航空隊の九六式陸上攻撃機二二型。台湾の高雄海軍航空基地。1941年4月。

九六式陸上攻撃機二二型
1941年12月にインドシナのサイゴンに展開した元山海軍航空隊所属機。マレー沖海戦でイギリス海軍の戦艦「プリンス・オブ・ウェールズ」と巡洋戦艦「レパルス」の撃沈に貢献した。

二一型であった。二一型は，燃料容量は増加したものの，防御火器は改善されておらず，一一型と同様に7.7mm機関銃を前上方，後上方，後下方の格納式銃座にそれぞれ1挺ずつ装備していた。

中国軍との航空戦から得られた戦訓により，二一型の防御能力を強化した型が二二型である。後上方と後下方の機銃を取り除き，後上方用に20mm機関砲のブリスター銃座を取り付け，側方左右に7.7mm機関銃のブリスター銃座を新設した。後下方の7.7mm旋回機関銃は残した。

後期生産型では，エンジンを「金星45」に換装したため，高高度性能が向上した。最終生産型では，コクピットから射撃できるように，前方に4番目の7.7mm機関銃を取り付けている。

九六式陸上攻撃機二三型は，エンジンを出力1,300馬力の「金星51」に換装した機体である。三菱重工業が一式陸上攻撃機の生産に集中するようになると，二三型はすべて中島飛行機が生産した。二三型は，機内燃料が5,182リッターに増加し，航続距離は6,230kmまで延伸した。

輸送機型

九六式陸上攻撃機の輸送機型は，当初から求められていた形態の一つであり，初期生産型を改修して九六式輸送機が完成した。一一型を輸送機に改修したのが九六式輸送機一一型であり，改修は霞ヶ浦の第一航空技術廠で行われた。

二一型の輸送機型は，九六式輸送機二一型であり，エンジンは「金星45」に換装し，防御用として7.7mm機関銃を1挺装備した。九六式陸上攻撃機の連合軍コードネームは“ネル”であるが，二つの輸送機型は

マレー半島での海軍の戦闘

九六式陸上攻撃機は1941年12月10日に日本海軍が行った海戦で，イギリス海軍の戦艦「プリンス・オブ・ウェールズ」と巡洋戦艦「レパルス」を撃沈した二つの陸上攻撃機のうちの一つであり，この海戦で840名のイギリス海軍水兵が戦死した。この海戦では，元山海軍航空隊と美幌海軍航空隊の九六式陸上攻撃機60機と一式陸上攻撃機26機が，クアンタン近くのマレー半島東部の海岸から出撃して，イギリス艦隊を目指した。攻撃隊には援護戦闘機のエア・カバーがなかったため，無線は封止された。日本では，この海戦はマレー沖海戦と呼ばれている。

“ティナ”である。

九六式陸上攻撃機の初陣は，1937年8月に実施した中国に対する爆撃で，台湾の台北から出撃し，2,010kmを飛翔して中国の杭州と広徳を爆撃した。この爆撃は成功し，海軍最初の渡洋爆撃として歴史に名を残した。

太平洋戦争での栄光

1941年12月，日本海軍が真珠湾を攻撃して太平洋戦争が始まったが，その3日後に，九六式陸上攻撃機はマレー沖海戦に参加し，一式陸上攻撃機と協同してイギリス海軍の戦艦「プリンス・オブ・ウェールズ」と巡洋戦艦「レパルス」を撃沈して名を挙げた。九六式陸上攻撃機は，この海戦の3日前にも，ウェーキ島のアメリカ海軍基地を攻撃している。その後はフィリピンとマリアナの作戦に参加した。

九六式陸上攻撃機は日中戦争初期の戦闘で大きな損害を被り，その脆弱性は1943年まで改善されなかった。そのため，一式陸上攻撃機が配備され始めると，多くの九六式陸上攻撃機が前線から後退し，グライダー曳航機，爆撃訓練機，そして捜索レーダーを搭載した洋上偵察機に改修された。

九六式陸上攻撃機と九六式輸送機の生産数は1,048機であり，そのうち，三菱重工業は636機，中島飛行機は412機生産した。

九六式陸上攻撃機二三型
1941年3月，インドシナのハノイに展開した高雄海軍航空隊第21航空隊所属の九六式陸上攻撃機二三型。

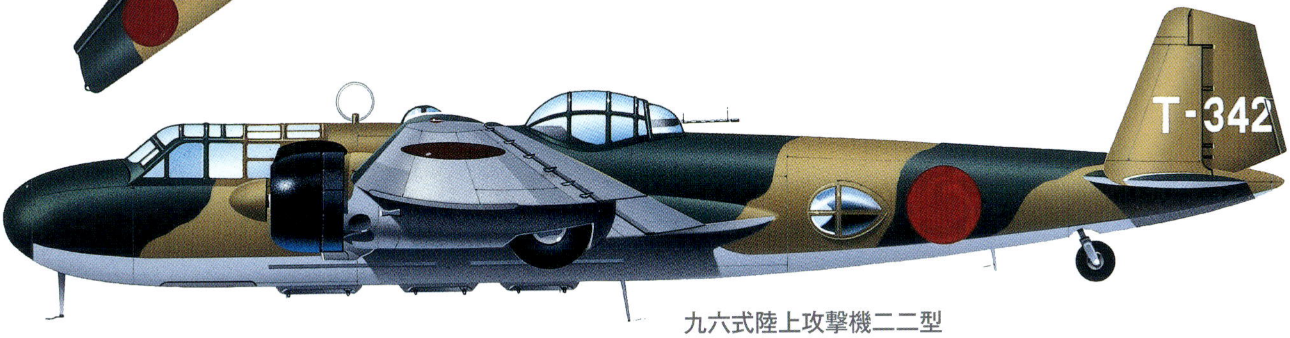

九六式陸上攻撃機二二型
この側面図は，ハノイに展開した高雄海軍航空隊第21航空隊所属機の九六式陸上攻撃機二二型。

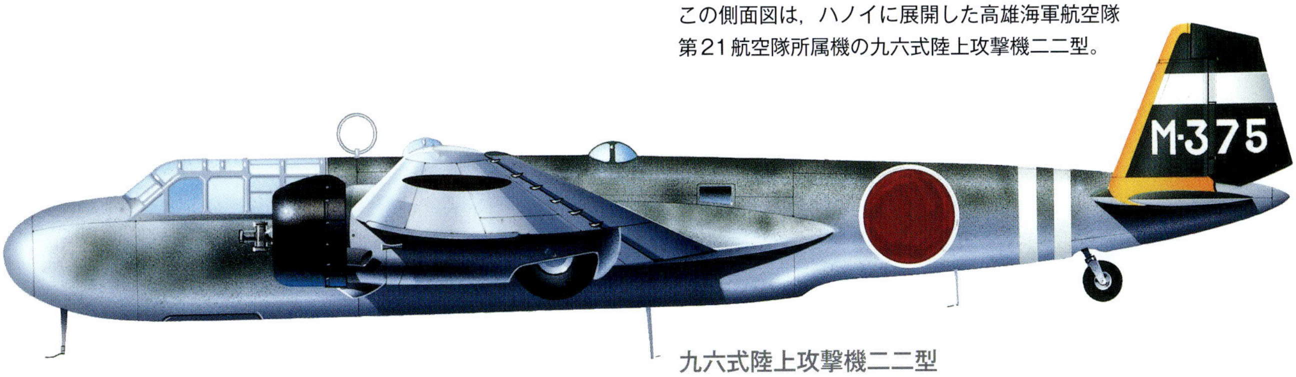

九六式陸上攻撃機二二型
この機体は，1941年5月に中国の作戦のため，漢口に展開した美幌海軍航空隊所属の九六式陸上攻撃機二二型。

九七式司令部偵察機

(三菱重工業, キ15, “バブス”)

九七式司令部偵察機は複座の偵察機であり，日中戦争で優秀性が証明された。連合軍コードネームは“バブス”である。陸軍と海軍で改良が続けられたが，太平洋戦争中に連合軍の高性能戦闘機に対抗できなくなったため，1943年には最前線から後退し，その後，一部の機体は神風特別攻撃に使用された。

九七式司令部偵察機は，1935年に陸軍が提案した複座偵察機の運用要求によって開発されたが，軍民両用の開発計画によって2種類の試作機が完成した。

試作1号機は1936年5月に初飛行し，陸軍の審査を経た後，九七式司令部偵察機一型として制式に採用され，量産が始まった。1937年5月から陸軍への配備が始まったが，一方で，民間型の開発も続けられた。試作2号機は，民間に払い下げられて「神風号」と命名された。数は少ないが，民間用高速通信機として「雁(かり)I号」が生産されている。

中国との戦争

九七式司令部偵察機は，日中戦争の苛烈な戦闘で厳しい試練を受けた。本機が戦場に現れた時は優勢であり，中国空軍の戦闘機はほとんど追随できなかった。しかし，高速のソ連製ポリカルポフ I-16戦闘機が中国大陸に現れると，劣勢に陥っていった。

九七式司令部偵察機一型のエンジンを，出力900馬力の三菱重工業「ハ26-I」に換装して性能を向上させたのが二型であり，1939年から部隊に配備された。その後，エンジンを出力1,050馬力の三菱重工業「ハ102」に換装して，さらに性能を向上させた試作機が2機製造された。

九七式司令部偵察機(キ15)は陸軍に採用されたが，海軍にも海軍仕様の九八式陸上偵察機一二型(C5M2)が導入された。出力950馬力の中島飛行機「栄(さかえ)12」型エンジンに換装した一二型は，50機生産された。

九七式司令部偵察機の連合軍コードネームは“バブス”であり，終戦までに489機生産されたが，そのほとんどは支援任務であった。

九七式司令部偵察機一型
(キ15-I)

最大離陸重量：2,300kg
諸元：全長8.70m，全幅12.00m，全高3.35m
エンジン：離昇出力640馬力，中島空冷星型「ハ8」×1
速度：高度4,000mで時速480km
航続距離：2,400km
実用上昇限度：11,400m
武装：7.7mm×1（後上方）
乗員：2名

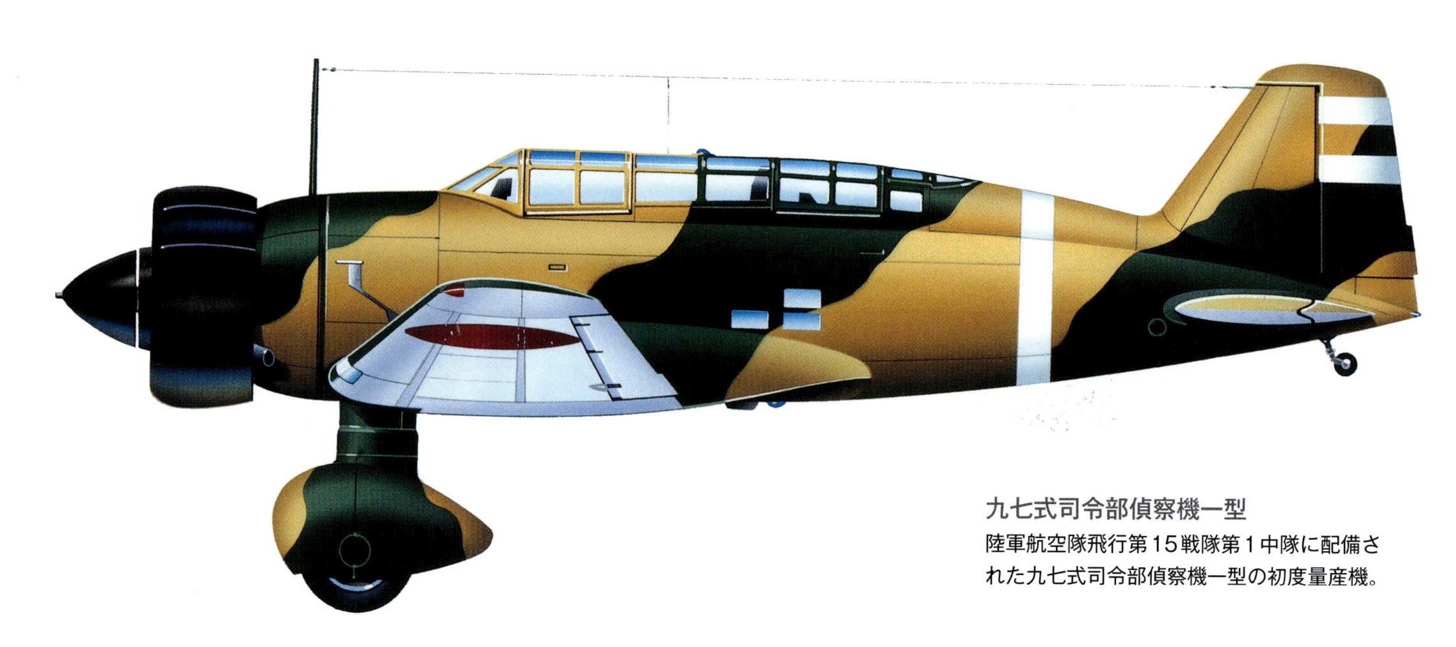

九七式司令部偵察機一型
陸軍航空隊飛行第15戦隊第1中隊に配備された九七式司令部偵察機一型の初度量産機。

九七式重爆撃機
（三菱重工業，キ21，“サリー”）

九七式重爆撃機が実用化されたことで，陸軍爆撃機部隊の近代化は一挙に進んだ。九七式重爆撃機は1943年頃には時代遅れとなったものの，搭乗員の評判は極めて良く，終戦まで飛行部隊で重用された。

1936年，陸軍は九二式重爆撃機（三菱キ20）と九三式重爆撃機（三菱キ1）の後継機として，4人乗りの新型重爆撃機の運用要求を提出した。

九七式重爆撃機一型（キ21-Ⅰ）は，三菱「ハ6」星型エンジンを2基搭載した双発爆撃機であり，完成した2機の試作機の性能は，少なくとも当時の同じクラスのどの爆撃機よりも優れていた。九七式重爆撃機は全金属製で，中翼片持ち式の単葉機であり，爆撃手を配置するため機首は風防になっている。試作2号機は1号機と異なり，防御用として7.7mm機関銃を3挺装備した。腹部のステップに1挺配置し，1号機と同様に機首と後背部に1挺配置した。試作3号機は，出力850馬力の中島飛行機「ハ5」エンジンを2基搭載しており，機首を半球状に整形し，後部胴体を再設計した。また，垂直安定板を改修したため，方向安定性が改善された。

キ21はライバルの中島飛行機キ19との比較審査に勝ち，三菱重工業はキ21-Ⅰaとして知られる九七式重爆撃機一型甲の生産が命ぜられた。1938年夏から最初の生産型である増加試作機5機が陸軍に納入されたが，それはその後，試作3号機となった。九七式重爆撃機一型甲の量産型は，試作3号機と同じタイプだが，機体燃料は増加している。

九七式重爆撃機一型甲（キ21-Ⅰ甲）
最大離陸重量：7,916kg
諸元：全長16.00m，全幅22.50m，全高4.35m
エンジン：離昇出力850馬力，中島空冷星型「ハ5改」×2
速度：高度4,000mで時速432km
航続距離：2,700km
実用上昇限度：8,600m
武装：7.7mm×3（前方，側方，後上方），爆弾：1,000kg
乗員：6名

実戦経験

九七式重爆撃機一型甲は，中国の戦場での実戦で武装と防弾能力が不足していることが明らかになった。戦訓を取り入れて改修したのが，九七式重爆撃機一型乙であり，側方左右兼用に7.7mm旋回機関銃1挺と尾部に遠隔操作できる7.7mm機関銃1挺を増強したため，防御用機関銃は3挺から5挺になった。

次の改良型は，連合軍が“サリー”というコードネームをつけたキ21-Ic（九七式重爆撃機一型丙）であり，

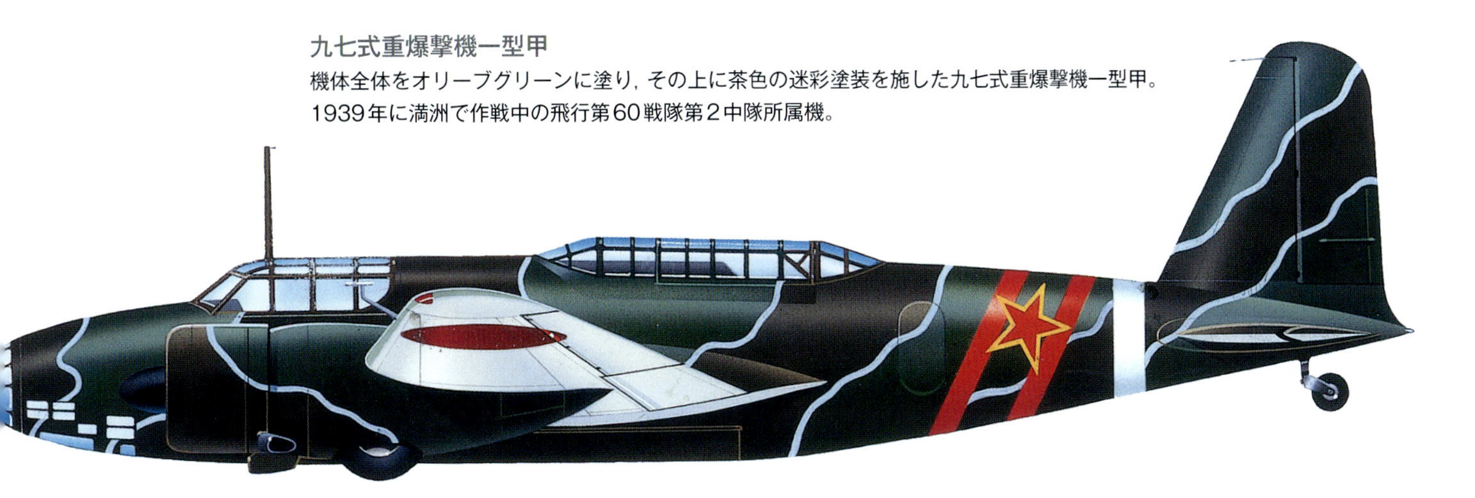
九七式重爆撃機一型甲
機体全体をオリーブグリーンに塗り，その上に茶色の迷彩塗装を施した九七式重爆撃機一型甲。1939年に満洲で作戦中の飛行第60戦隊第2中隊所属機。

九七式重爆撃機二型乙
それまで秘匿されていた九七式重爆撃機二型乙は，1944年に陸軍航空隊に配備された。

後部爆弾倉に補助燃料タンクを取り付けて機体燃料が増加した。別の改修点は防御火器であり，機関銃が1挺追加され，合計2挺が側方に配置された。

九七式重爆撃機の次の改良型は，エンジンをよりパワーのある出力1,500馬力の三菱重工業「ハ101」に換装したことである。改良型は，飛行部隊からの強い要望を取り入れたもので，太平洋戦争での最新の戦闘機との交戦で優位に立てるよう速度と高度性能を向上させた。

九七式重爆撃機の"第二世代機"である九七式重爆撃機二型甲は，1940年末に飛行試験を経て生産に入り，部隊配備された。太平洋戦争が始まって以降，九七式重爆撃機二型甲は，陸軍重爆撃機部隊の主力爆撃機として活躍した。

最終生産型として量産されたのが九七式重爆撃機二型乙であり，背部の"温室型風防"を取り去り，後上方機関銃を12.7mm機関砲に換装した。二型乙の運用は短期間であったが，九七式重爆撃機とは別機種とみなされ，連合軍のコードネームは"グエン"とつけられた。二型乙の後期生産型は，推力を増強するため，エンジン排気管をまとめて推力式単排気管に改修している。また，九七式重爆撃機一型甲の余剰の機体を改修して，百式輸送機が生産された。

九七式重爆撃機の生産数は2,064機であり，三菱重工業で1,713機，中島飛行機で351機生産された。

戦場での九七式重爆撃機

太平洋戦争の初期，九七式重爆撃機は，陸軍の爆撃機部隊で重要な任務を果たした。戦場では，連合軍の戦闘機との交戦で劣勢に立たされ，時代遅れとなっていったが，日本が降伏するまで最前線で活躍した。取り扱いが容易で整備性が良かったため，その後に実用化された百式重爆撃機よりも，部隊の評判が良かった。

九七式重爆撃機二型乙（キ21-Ⅱ乙）

最大離陸重量：10,610kg
諸元：全長16.00m，全幅22.50m，全高4.85m
エンジン：離昇出力1,500馬力，三菱空冷星型「ハ101」×2
速度：高度4,720mで時速485km
航続距離：2,700km
実用上昇限度：10,000m
武装：7.7mm×5（前方，後下方，側方左右，後方），12.7mm（後上方）×1，爆弾：1,000kg
乗員：7名

連合軍コードネーム"サリー"は，性能が見劣りするようになっても，太平洋戦争が終結するまで第一線で活躍した。

九七式軽爆撃機
(三菱重工業, キ30, "アン")

中国での航空戦で活躍した九七式軽爆撃機は，高性能の汎用単発軽爆撃機であったが，太平洋戦争では，近代化された連合軍戦闘機に対抗できなかったため，最前線から後退して支援任務に就いた。

三菱重工業の九七式軽爆撃機は，九三式単発軽爆撃機と九三式双発軽爆撃機の後継機として，1936年5月に陸軍から出された運用要求に応じて開発された機体である。

原型機は当初，出力825馬力の三菱重工業「ハ6」エンジンを搭載し，1937年2月に初飛行した。本機は新技術として機体内に爆弾倉を設け，軽爆撃機として初めての可変ピッチプロペラ，二重星型エンジンを採用していた。車輪は，設計当初は格納式だったが，見直されて固定式となった。その後，より馬力のある中島飛行機の「ハ5改」エンジンに換装した試作2号機が完成した。

試作1号機は高性能であったが，試作2号機もまた陸軍の要求以上の性能を発揮した。試作2号機の成功により，陸軍は三菱重工業と20機の生産を契約し，1938年初めから部隊に配備された。キ30は試行期間を経て，九七式軽爆撃機として制式に採用され，1938年3月から量産が始まった。

損失の増加

九七式軽爆撃機は中国戦線で実戦に初めて参加し，特に九七式戦闘機が護衛についた場合には良い戦果を挙げた。真珠湾攻撃後，九七式軽爆撃機は日本軍が航空優勢を獲得したフィリピン上空で活躍した。連合軍の戦闘機が太平洋戦争の主導権を取り始めると，連合軍から"アン"というコードネームをつけられた九七式軽爆撃機は，能力不足であることが明らかになり，それほど重要でない戦場に転用されるようになった。他の多くの航空機と同様に，性能が劣る航空機が前線から引き上げられることは当然であり，そして，九七式軽爆撃機は終戦間近に行われた絶望的な神風特別攻撃に使用されている。

九七式軽爆撃機は704機生産され，そのうちの68機は立川の陸軍航空工廠で生産された。

九七式軽爆撃機(キ30)
最大離陸重量：3,220kg
諸元：全長10.35m，全幅14.55m，
全高3.65m
エンジン：離昇出力950馬力，
中島空冷星型「ハ5改」×1
速度：高度4,000mで時速425km
航続距離：1,700km
実用上昇限度：8,570m
武装：7.7mm×2(前方，後上方)，
爆弾：400kg
乗員：2名

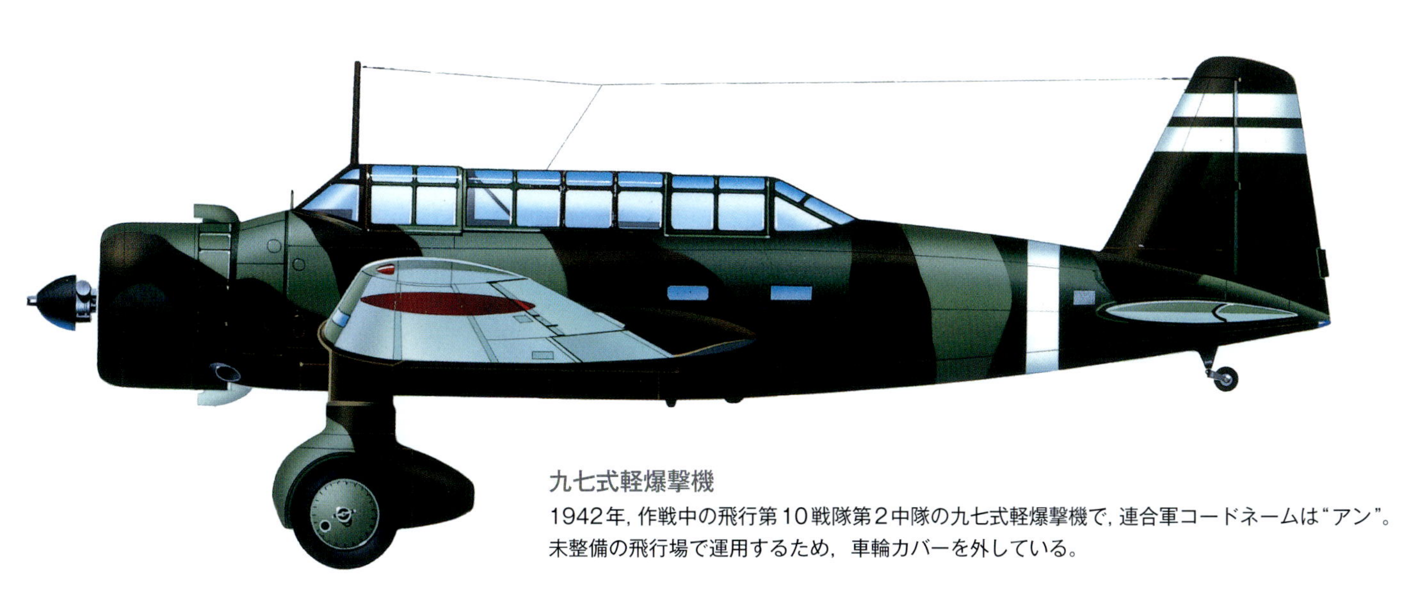

九七式軽爆撃機
1942年，作戦中の飛行第10戦隊第2中隊の九七式軽爆撃機で，連合軍コードネームは"アン"。未整備の飛行場で運用するため，車輪カバーを外している。

九九式襲撃機

(三菱重工業,キ51,“ソニア”)

九九式襲撃機(キ51,後期型)
最大離陸重量:2,920kg
諸元:全長9.20m,全幅12.10m,
全高2.73m
エンジン:離昇出力940馬力,三菱空冷星型「ハ26-Ⅱ」×1
速度:高度3,000mで時速425km
航続距離:1,060km
実用上昇限度:8,270m
武装:7.7mm×1(後上方),
12.7mm×2(前方,翼内),
爆弾:200kg
乗員:2名

九九式襲撃機は,太平洋戦争を通じて活躍した陸軍の標準的な地上攻撃機であり,機動性があり,防御性も良く,操縦も整備も容易であった。しかし,比較的低速であったため,やがて連合軍戦闘機の格好の餌食となっていった。

九九式襲撃機は,九七式軽爆撃機を基に開発された地上攻撃機であり,機動性と防御性を重視し,戦場近くの前進飛行場から柔軟に運用できることを目的としていた。同時に,九七式軽爆撃機よりも小型化を目指していた。

陸軍から九九式襲撃機の運用要求が出されたのは1937年であり,三菱重工業は2機の試作機を製作した。エンジンは,同じ三菱重工業の「ハ26-Ⅱ」であった。試作機2機の試験飛行は,1939年夏に始まった。

九九式襲撃機は九七式軽爆撃機より小型化を目指しつつ,同程度の性能を要求したもので,爆弾倉は取り除き,主翼は低翼とした。その他の変更としては,2名の搭乗員の内部連携を良くするためにコクピットを改良している。

飛行試験

三菱重工業は,試作機を製作した後に最初の増加試作機を11機生産して,飛行試験に臨んだ。飛行試験では,搭乗員とエンジンの防弾板を改良し,低速度での操縦性を改善するために飛行特性を改良した。

陸軍は飛行試験の結果を受けて九九式襲撃機として制式に採用したが,その後,再設計して機体燃料を増加させた。

九九式襲撃機は中国戦線で初めて実戦に参加し,その後,太平洋戦争の全期間で活躍した。しかし,連合軍戦闘機の迎撃を受けた場合は,九七式軽爆撃機と同様に脆弱であることがわかり,敵戦闘機が出現しない戦場での作戦に制限された。

九九式襲撃機の総生産数は,意外にも多く2,385機であり,三菱重工業で1,472機,立川の陸軍航空工廠で913機が生産された。

種類

キ51の量産型である九九式襲撃機,連合軍コードネーム“ソニア”の機体を活用して戦術偵察機として再設計したのが,九九式軍偵察機である。また,九九式襲撃機を基に襲撃機/偵察機のキ71が計画された。

出力1,500馬力の三菱重工業「ハ112-Ⅱ」エンジンを搭載した偵察型のキ71試作機は,3機完成した。主脚は,九九式襲撃機に予定されていた引き込み脚であった。性能は期待されたほど向上しなかったため,採用は見送られた。

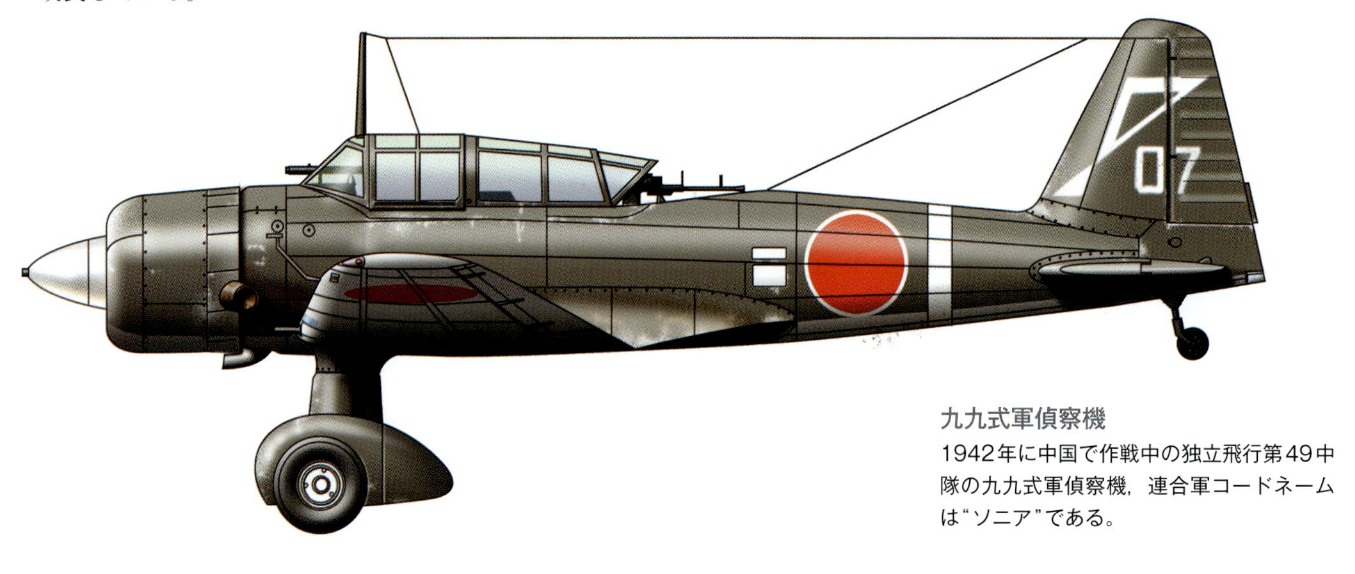

九九式軍偵察機
1942年に中国で作戦中の独立飛行第49中隊の九九式軍偵察機,連合軍コードネームは“ソニア”である。

九九式双発軽爆撃機

(川崎航空機，キ48，“リリィ”)

九九式双発軽爆撃機は，高性能のソ連製ツポレフSB高速爆撃機に対抗するために開発された機体である。連合軍戦闘機の迎撃には脆弱であったが，改修が続けられ，生産は1944年末まで続いた。

九九式双発軽爆撃機一型甲
1943年4月にタイで作戦中の飛行第34戦隊第1中隊の九九式双発軽爆撃機一型甲。一型甲は戦闘能力が劣っていたため，1942年に性能を向上させた二型が開発された。

陸軍は，1937年に高性能双発軽爆撃機の運用要求を川崎航空機に内示した。川崎航空機は開発を開始し，最終的に九九式双発軽爆撃機として完成した。

原型機は全金属製の片持ち式，中翼の単葉機で，主脚と尾脚はともに引き込み式で，乗員は4名である。爆弾は内装式で，エンジンは出力950馬力の中島飛行機「ハ25」である。

試作1号機は1939年7月に初飛行し，続いて3機，さらに量産前に5機が生産された。これらの試作機は，九九式双発軽爆撃機一型甲として量産に入る前に，初期故障をあぶりだすために使用された。武装を強化した型が九九式双発軽爆撃機一型乙である。

改良型

一方，九九式双発軽爆撃機一型は，1940年秋から始まった日中戦争航空戦で性能不足が露呈し，さらに太平洋戦争の開戦とともに連合軍戦闘機と交戦して，低速度と貧弱な武装が明らかになった。

結果として改修が行われ，エンジンを中島飛行機「ハ115」に換装し，搭乗員の防護と燃料タンクの対弾性を向上させた九九式双発軽爆撃機二型が完成した。二型は試作機が3機生産され，試験の後，1942年春から九九式双発軽爆撃機二型甲として生産が始まった。

二型甲の武装は一型甲と変わらなかったが，最大爆弾搭載量は800kgに増加した。二型乙は次の生産型であり，機体は二型甲とほぼ同じだが，主翼の外翼下面にエアブレーキを取り付けている。二型丙は，防御能力を強化するため12.7mm機関銃を搭載した型である。

九九式双発軽爆撃機のすべての型の生産数は，1,977機である。

九九式双発軽爆撃機二型乙
(キ48-Ⅱ乙)

最大離陸重量：6,750kg
諸元：全長12.75m，全幅17.45m，全高3.80m
エンジン：離昇出力1,150馬力，中島空冷星型「ハ115」×2
最大速度：時速505km
航続距離：2,400km
実用上昇限度：10,100m
武装：7.7mm×3（前方，後下方，後上方），爆弾：通常400kg，最大800kg
乗員：4名

九九式双発軽爆撃機
テスト・ベッド

九九式双発軽爆撃機の機体は，いくつかの飛行実験に使用されている。1944年，300kg爆弾を搭載した新型空対地ミサイル「イ号一型乙無線誘導弾」の試験機となった。ミサイル実験に使用する二型乙は，4機製作された。一方，別の二型乙は，ラムジェットエンジンの試作機「ネ0」を爆弾架に懸架して飛行し，一定の成果を収めた。この二型乙は，「ネ0」を搭載するために爆弾倉を移動し，エンジンの取り付け位置を変えていた。

百式重爆撃機「呑龍(どんりゅう)」

(中島飛行機，キ49，“ヘレン”)

陸軍が野心的な爆撃機の開発を命じた結果，中島飛行機はキ49を完成させた。キ49は，護衛戦闘機を必要としない高速重武装の爆撃機を目指した機体であり，生存性を高めるために強力な火器を装備していた。しかし，キ49にはいくつかの問題があった。

三菱重工業の九七式重爆撃機の後継機として開発され，1938年から生産が始まったキ49は，陸軍の区分では重爆撃機であるが，欧米の区分では中爆撃機である。陸軍は，戦闘機の護衛を必要としない高速性能と重武装を併せ持った重爆撃機を要求していた。

百式重爆撃機一型「呑龍」
(キ49-I)
最大離陸重量：10,675kg
諸元：全長16.80m，全幅20.42m，
全高4.25m
エンジン：離昇出力1,250馬力，
中島空冷星型「ハ41」×2
速度：不明
航続距離：不明
実用上昇限度：不明
武装：7.7mm×5(前方，後上方，側方左右，後方)，20mm×1(後上方)，爆弾：1,000kg
乗員：8名

1937年に陸軍から提示された重爆撃機の要求を満たすために，中島飛行機が開発したキ19は，ライバルの三菱重工業の九七式重爆撃機との競争に敗れたが，中島飛行機には九七式重爆撃機の生産契約が与えられた。中島飛行機は，九七式重爆撃機の生産を通じて得た経験をキ49の設計に反映させるため，小山悌(こやまやすし)技師をチーフとし，西村節朗(にしむらせつろう)技師と糸川英夫(いとかわひでお)技師を補佐として設計を進めた。

試作1号機

キ49は，1938年初めに陸軍が示した運用要求に応じて設計した機体である。機体は中翼片持ちの双発単葉機で，エンジンは，出力950馬力の中島飛行機「ハ5」である。その他の要求性能は，最大速度は九七式重爆撃機を16パーセント上回る時速500km，航続距離は3,000kmであった。搭乗員は8名で，最大搭載量は1,000kgであった。

キ49の試作1号機は，1939年8月に初飛行した。試作2号機と試作3号機は，出力1,250馬力の中島飛行機「ハ41」エンジンに換装された。7機の追加試作機にも同じ「ハ41」エンジンが搭載された。

試作機の武装は7.7mm機関銃5挺であり，尾部には，陸軍の爆撃機としては初めての尾部砲塔が装備された。これらの武装に加え，後上方の防御用に20mm旋回機関砲1挺が追加装備された。

離陸性能と上昇性能を改善させるため，試作機には翼の付け根からエルロンまで高揚力装置のファウラー・フラップが取り付けられた。防御能力を高めるため，燃料タンクには防漏装置が施され，そのうち六つは翼中に，二つは外部のフェンダー・パネルに取り付けられた。

キ49の試験飛行は成功し，百式

百式重爆撃機一型「呑龍」
1944年初頭に中国に展開した飛行部隊に配備された，“部分的”な迷彩塗装を施した百式重爆撃機一型「呑龍」。

重爆撃機一型「呑龍（中島飛行機の工場があった群馬にいた高僧の名）」として制式に採用され，1941年3月に追加試作機の生産が命ぜられた。本格的な量産が始まったのは1941年8月からであり，当初，中国戦線の航空部隊に配備された。太平洋戦争が始まると，ニューブリテン島やニューギニアに展開し，そしてオーストラリアのポートダーウィン空襲にも参加した。

連合軍の戦闘機によって，地上で破壊された百式重爆撃機一型「呑龍」。連合軍コードネームは“ヘレン”。

期待外れの性能

部隊に配備された百式重爆撃機一型は，エンジンパワーが不足していることがわかった。そのため，遠距離任務では，爆弾搭載量を少なくしなければならなかった。実際，一型の爆弾搭載量は，九七式重爆撃機よりも少なかった。もう一つの欠点は，飛行性能であり，パイロットは九七式重爆撃機よりも性能が劣ると判断していた。その反面，防御能力は良好とみなされ，防漏式燃料タンクにより機体の生存性は高まった。

中島飛行機は一型の能力をさらに向上させるため，1942年春にエンジンをよりパワーアップした中島飛行機の「ハ109」に更新し，定速プロペラを装備した二型甲が完成した。試作機は2機作られ，その後，量産に入った。量産型の二型甲は，燃料タンクの防漏性が向上し，新たに照準器を取り付けたため，爆撃照準が容易になった。二型甲は，1942年8月から部隊に配備された。

二型甲の防御能力は一型と同様であったが，改良型の二型乙は機関銃を更新した。一型と二型甲は，7.7mm機関銃を前方，後上方，側方左右，後方に計5挺，そして後上方に20mm回転機関砲を1挺取り付けた。それに比べ，二型乙は，後上方

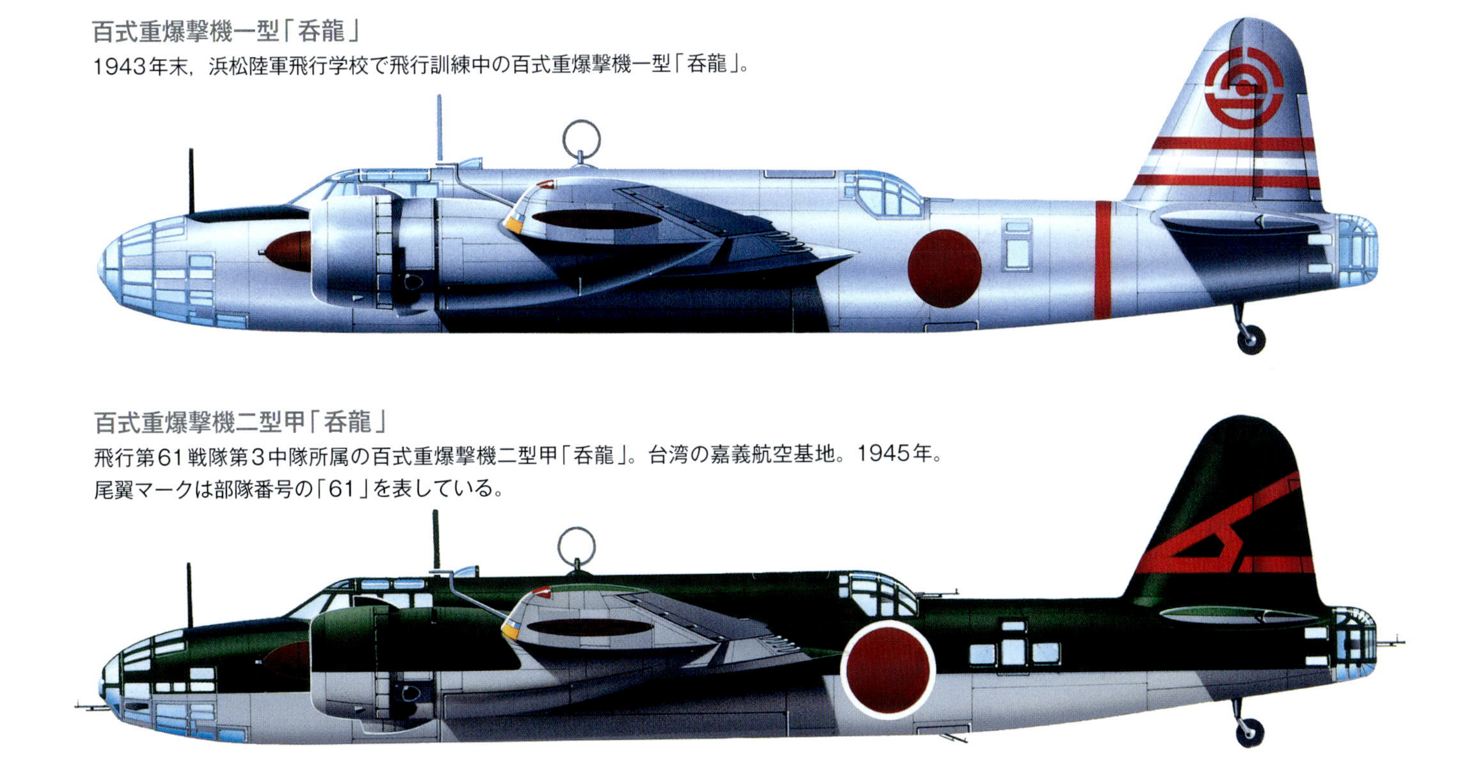
百式重爆撃機一型「呑龍」
1943年末，浜松陸軍飛行学校で飛行訓練中の百式重爆撃機一型「呑龍」。

百式重爆撃機二型甲「呑龍」
飛行第61戦隊第3中隊所属の百式重爆撃機二型甲「呑龍」。台湾の嘉義航空基地。1945年。
尾翼マークは部隊番号の「61」を表している。

百式重爆撃機二型甲「呑龍」
オランダ領インドネシアに展開した飛行第62戦隊第3中隊所属の百式重爆撃機二型甲「呑龍」。1944年1月から10月まで，ビルマ，オランダ領インドネシア，ニューギニアで作戦に参加した。

の20mm回転機関砲1挺は残されたが，3挺の7.7mm機関銃を12.7mm機関砲に換装した。敵の邀撃（ようげき）戦闘機から攻撃を受けた場合，それまでの7.7mm機関銃に比べて大口径の12.7mm機関砲の破壊効果は大きく，生存性は高まった。

中島飛行機の「ハ109」エンジンは高性能であったが，太平洋戦域で連合軍戦闘機の能力が向上するにつれ，一型の性能不足が明らかとなり，二型が開発された。飛行部隊に配備された二型は，中国と同様にニューギニアで活躍した。しかし，二型は，先代の九七式重爆撃機二型から完全に置き換えられたわけではなかった。

キ58援護戦闘機

百式重爆撃機の派生型は，連合軍戦闘機の攻撃に対抗するため，武装を強化した。援護戦闘機不足の問題をより過激な方法で解決したのが，中島飛行機のキ58援護戦闘機である。試作機は1940年末から1941年初めにかけて3機製作された。キ58援護戦闘機は，目標に向かう爆撃隊に随伴して援護することを目的として開発された，長距離援護戦闘機ともいうべき機体である。機体は，爆弾倉に代わって腹部にゴンドラを装備し，武装は20mm機関砲5挺，7.7mm機関銃3挺に強化されていた。しかし，キ58援護戦闘機は実戦に参加することはなかった。

新型エンジン

百式重爆撃機「呑龍」の次の改良型は，エンジンを出力2,240馬力の「ハ117」に換装した三型である。空冷星型14気筒の「ハ117」はその時点で最も強力なエンジンであり，最終的に出力は2,800馬力まで向上した。しかし，「ハ117」は，信頼性の問題を解決することができず，結果として三型は，中島飛行機で試作機6機を生産したのみに終わった。こうして百式重爆撃機は，1944年12月に生産が終了した。

太平洋戦争の航空戦では，百式重爆撃機は性能を向上しないかぎり，重爆撃機として活躍することはできなかった。他の重爆撃機と交代した百式重爆撃機は，戦闘任務も少なくなっていったが，機体の改修は続けられた。太平洋戦争の最終段階になると，百式重爆撃機の任務は，対潜哨戒や兵員輸送になり，そして最終的に神風特別攻撃に使用された。対潜哨戒型の百式重爆撃機には，電子機材と電磁式方位探知装置が搭載された。

神風特別攻撃用の輸送機として使用されたのが二型乙であった。二型乙は，この任務のため乗員は2名のみとし，武装はすべて取り去っていた。二型乙の形態の機体は1,600kgの爆弾を搭載した。

その中で，珍しい機体として構想されたのが夜戦型である。夜戦の場合，百式重爆撃機はチームとして運用する。サーチライトを搭載した百式重爆撃機が敵機を照らし出し，75mm砲を搭載した別の百式重爆撃機が攻撃する。この構想は，百式重爆撃機の性能が不足していたため，実現しなかった。

戦う百式重爆撃機「呑龍」

太平洋戦争末期，連合軍がフィリピンのレイテ島に上陸してフィリピンの戦いが始まった。百式重爆撃機は，フィリピンでの戦いに参加したが，敵の戦闘機によって大きな被害を受けた。1944年末からは，ミンドロ島上陸作戦のために集結した連合軍の艦艇に神風特別攻撃を行っている。

結局，百式重爆撃機は少なくとも，より高性能の四式重爆撃機「飛龍」が配備されるまでは，日本軍の他の爆撃機に比べ，防御性能の高い爆撃機であることが明らかであった。しかし，百式重爆撃機の低高度と中高度での性能は，満足のいくものではなく，そのため，旧式の九七式重爆撃機のほうが“パイロットの爆撃機”として重宝されていた。皮肉なことだが，百式重爆撃機の初期型の特徴である中翼，低アスペクト比の主翼は，これらの高度帯での良好な飛行特性が発揮できるよう期待されていたのである。

百式重爆撃機の生産数は819機であり，そのうちの769機は中島飛行機で，50機は立川の陸軍航空工廠で生産された。

中島飛行機は，キ80の試作機2機と同様にキ58（22ページのコラム参照）の試作機を3機製造した。キ80は，爆撃機部隊の先導機型として計画されたものである。先導機型は製造されなかったものの，キ80試作機は中島飛行機「ハ117」エンジンの試験機として使用された。

百式重爆撃機「呑龍」のすべての型の連合軍コードネームは，“ヘレン”である。

百式重爆撃機二型甲「呑龍」（キ49-Ⅱ甲）

最大離陸重量：11,400kg
諸元：全長16.50m，全幅20.42m，全高4.25m
エンジン：離昇出力1,500馬力，中島空冷星型「ハ109」×2
速度：高度5,000mで時速492km
航続距離：2,950km
実用上昇限度：9,300m
武装：7.7mm×5（前方，後下方，側方左右，後方），20mm×1（後上方），爆弾：1,000kg
乗員：8名

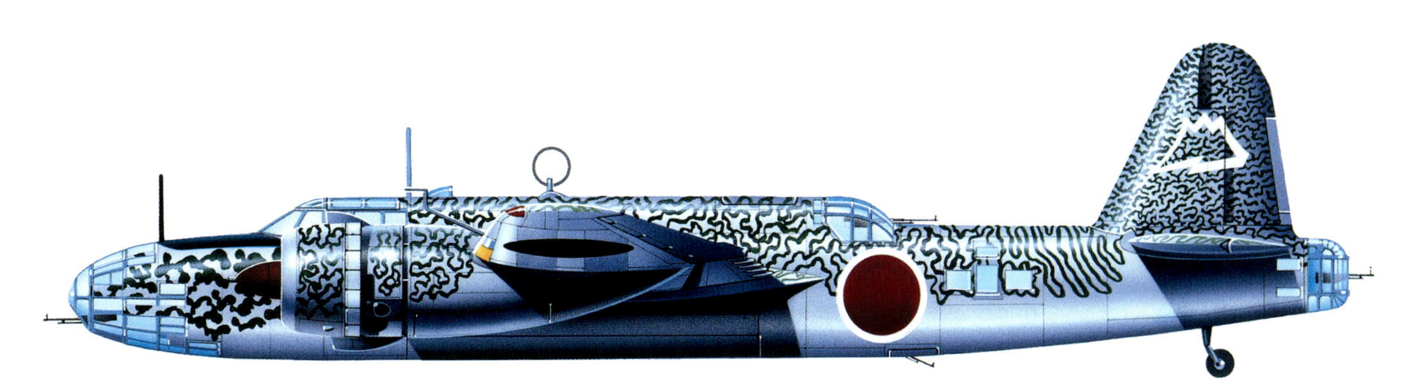

百式重爆撃機二型甲「呑龍」
飛行第7戦隊第1中隊のおぞましい“蛇織り”文様の迷彩塗装を施した百式重爆撃機二型甲「呑龍」。1943年。

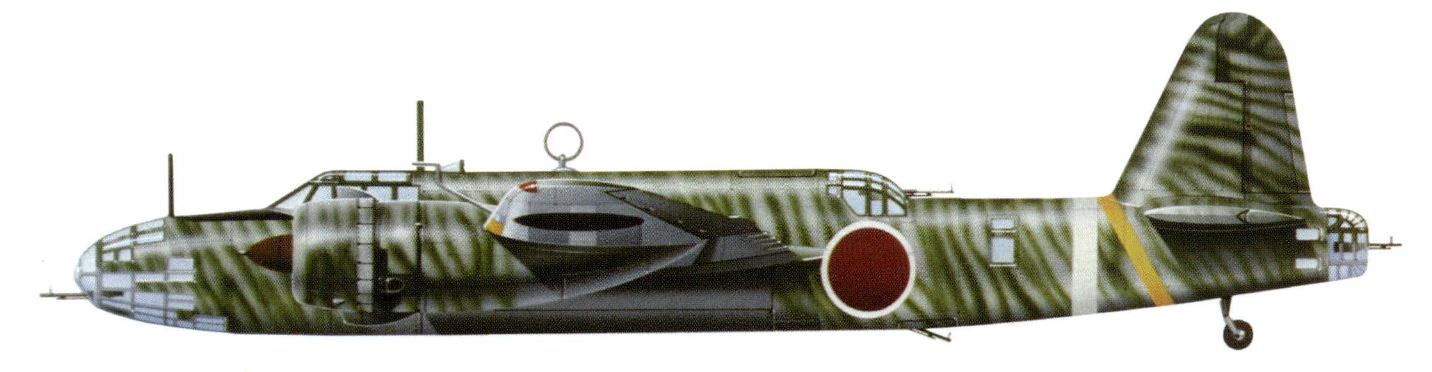

百式重爆撃機二型甲「呑龍」
1944年9月，中国東北部に展開した飛行第95戦隊第3中隊の百式重爆撃機二型甲「呑龍」。“シュロの葉”文様の迷彩塗装を施している。

百式司令部偵察機
（三菱重工業，キ46，“ダイナ”）

当初は高高度偵察機であった百式司令部偵察機は，時には迎撃機や対地攻撃機としても使用された。百式司令部偵察機は，第二次世界大戦で運用された軍用機の中で，最も印象深い機体の一つである。

1937年，陸軍は，九七式司令部偵察機に代わる高性能偵察機の試作を三菱重工業に指示した。第二次世界大戦に参加したすべての軍用機の中で，最も流麗な機体が百式司令部偵察機である。初飛行は1939年11月であり，複座，片持ち中翼の単葉機で，エンジンは出力900馬力の三菱重工業「ハ21-I」である。主脚は全格納式で尾輪式である。

キ46試作機は飛行試験の結果，要求された速度性能をやや下回っていたことがわかった。しかし，全般的な性能は，比較した日本陸海軍のすべての軍用機より優れており，結果として百式司令部偵察機一型として制式に採用され，量産が命ぜられた。

運用初期の百式司令部偵察機一型（キ46-I）には多くの欠点があったため，生産が始まるとすぐに性能向上型の開発が開始され，出力1,080馬力の三菱重工業「ハ102」エンジンを搭載した百式司令部偵察機二型（キ46-II）が完成した。エンジンを換装したことで，二型の最大速度は増加し，当初の運用要求を満たすことができた。連合軍のコードネーム“ダイナ”の二型は最終的に最大の生産数となり，合計で1,000機以上が生産された。二型を三座として通信／航法訓練機に改修したのが二型改である。

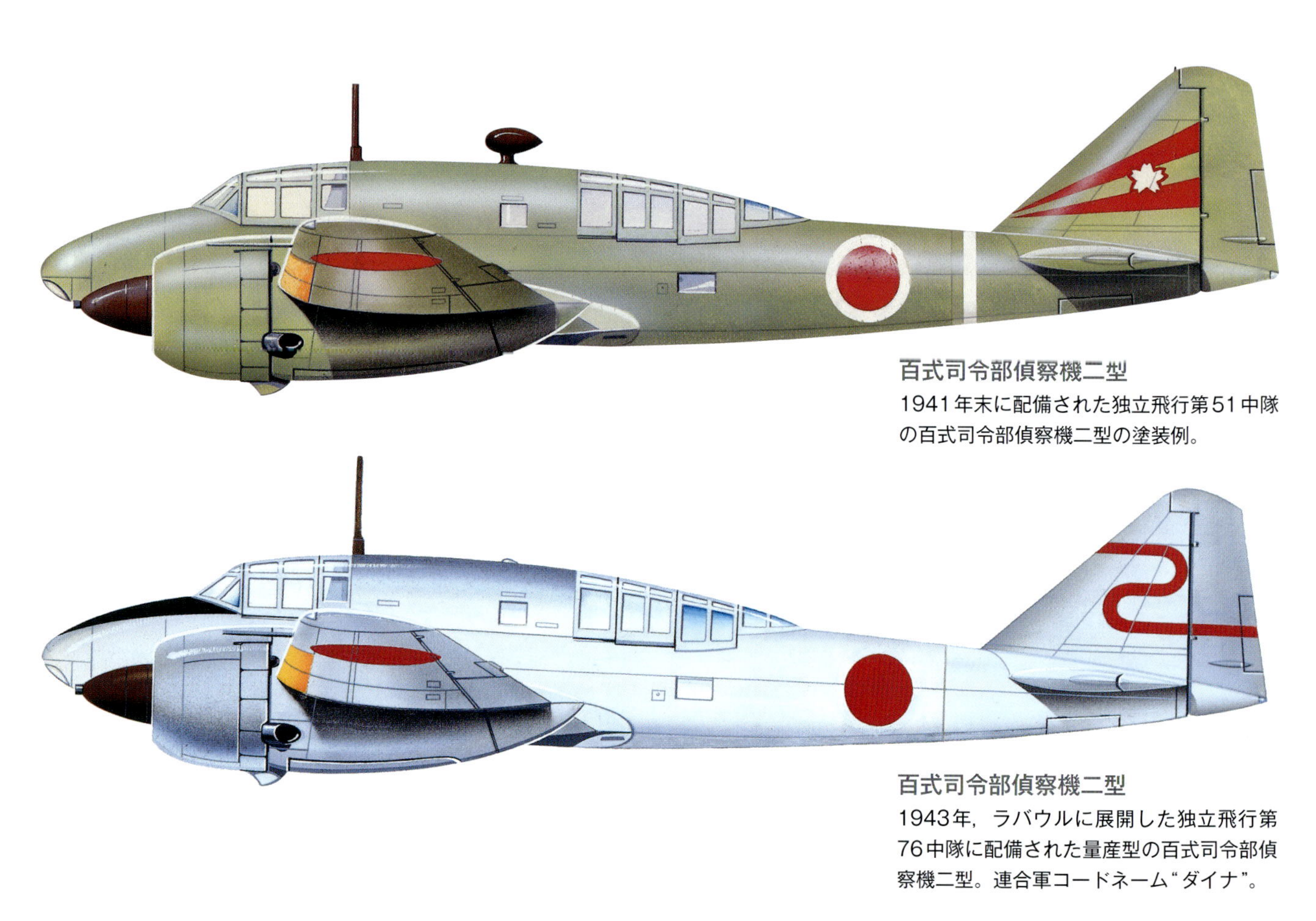

百式司令部偵察機二型
1941年末に配備された独立飛行第51中隊の百式司令部偵察機二型の塗装例。

百式司令部偵察機二型
1943年，ラバウルに展開した独立飛行第76中隊に配備された量産型の百式司令部偵察機二型。連合軍コードネーム“ダイナ”。

百式司令部偵察機三型乙
機首に20mm機関砲ホ5を2挺搭載した型が百式司令部偵察機三型乙であり，さらに後背部に斜め銃として37mm機関砲ホ204を1挺増加装備した型が百式司令部偵察機三型乙＋丙である。独立飛行第17中隊に配備された。

さらに速度の向上を目指したのが三型で，609機が完成した。その中で迎撃機に改修されたのが三型甲であり，対地攻撃機に改修されたのが三型乙である。

太平洋戦争の終結間際になって，排気タービン付き過給機を搭載して高高度性能を高めた出力1,500馬力の三菱重工業の「ハ112-Ⅱル」エンジンを搭載した四型の開発を始めたが，完成には至らなかった。

空中戦闘

百式司令部偵察機は，太平洋戦争の全期間を通じて活躍し，陸軍の作戦に大きく貢献したが，連合軍の戦闘機が増え，劣勢になるにつれて損害が増大していった。二型が性能向上型の三型に改修されていれば，終戦まで連合軍の迎撃戦闘機に劣勢になることはなかったであろう。

百式司令部偵察機の生産数は最終的に1,742機に達した。

百式司令部偵察機三型乙（キ46-Ⅲ改）
最大離陸重量：3,830kg
諸元：全長11.00m，全幅14.70m，全高3.88m
エンジン：離昇出力1,500馬力，三菱空冷星型「ハ112-Ⅱ」×2
速度：高度6,000mで時速630km
航続距離：4,000km
実用上昇限度：10,500m
武装：20mm×2（前方），37mm×1（前上方）
乗員：2名

一式陸上攻撃機

（三菱重工業，G4M，“ベティ”）

太平洋戦争で最大の生産機数を誇り，そして最も有名な攻撃機が海軍の一式陸上攻撃機であり，太平洋戦線の全域で活躍した。一式陸上攻撃機は，開戦初頭，連合軍に対する印象的な長距離侵攻で大きな成果を挙げたが，日本が劣勢に陥ると，過酷な戦況に適切に対応できなくなっていった。

1937年，海軍は，九六式陸上攻撃機の後継機として十二試陸上攻撃機の開発を三菱重工業に指示した。十二試陸上攻撃機の初飛行は，1939年10月であった。機体は中翼の単葉機で，胴体径を拡大して広胴化し，エンジンは出力1,530馬力の三菱重工業「火星11」を2基搭載した。海軍は長い航続性能の攻撃機を求めており，本来であれば，4発エンジンの大型機が必要であったが，双発になった。

十二試陸上攻撃機の試験飛行は成功し，一式陸上攻撃機一一型として1940年に制式に採用され，量産が命ぜられた。最初の量産型の一一型は，1941年夏には部隊に配備された。一一型は，1941年12月に行われたマレー沖海戦に参加し，九六式陸上攻撃機と協同してイギリス海軍の戦艦「プリンス・オブ・ウェールズ」と巡洋戦艦「レパルス」を撃沈して歴史に名を残す戦果を挙げた。1942年2月，一式陸上攻撃機は，九六式陸上攻撃機と協同してオーストラリアのポートダーウィンを空襲した。1943年4月には，日本にとって幸先のよくないことが起きた。優れた戦術家の一人として知られていた連合艦隊司令長官山本五十六大将が，部下とともに2機の一式陸上攻撃機に分乗してラバウルからブーゲンビル島のブイン基地に

一式陸上攻撃機は，被弾すると出火しやすかったことから，遭遇した連合軍パイロットから"一撃で火が付くライター"のあだ名がつけられていた。日本軍のパイロットたちは，胴体の形状から"葉巻"というあだ名を贈っていた。

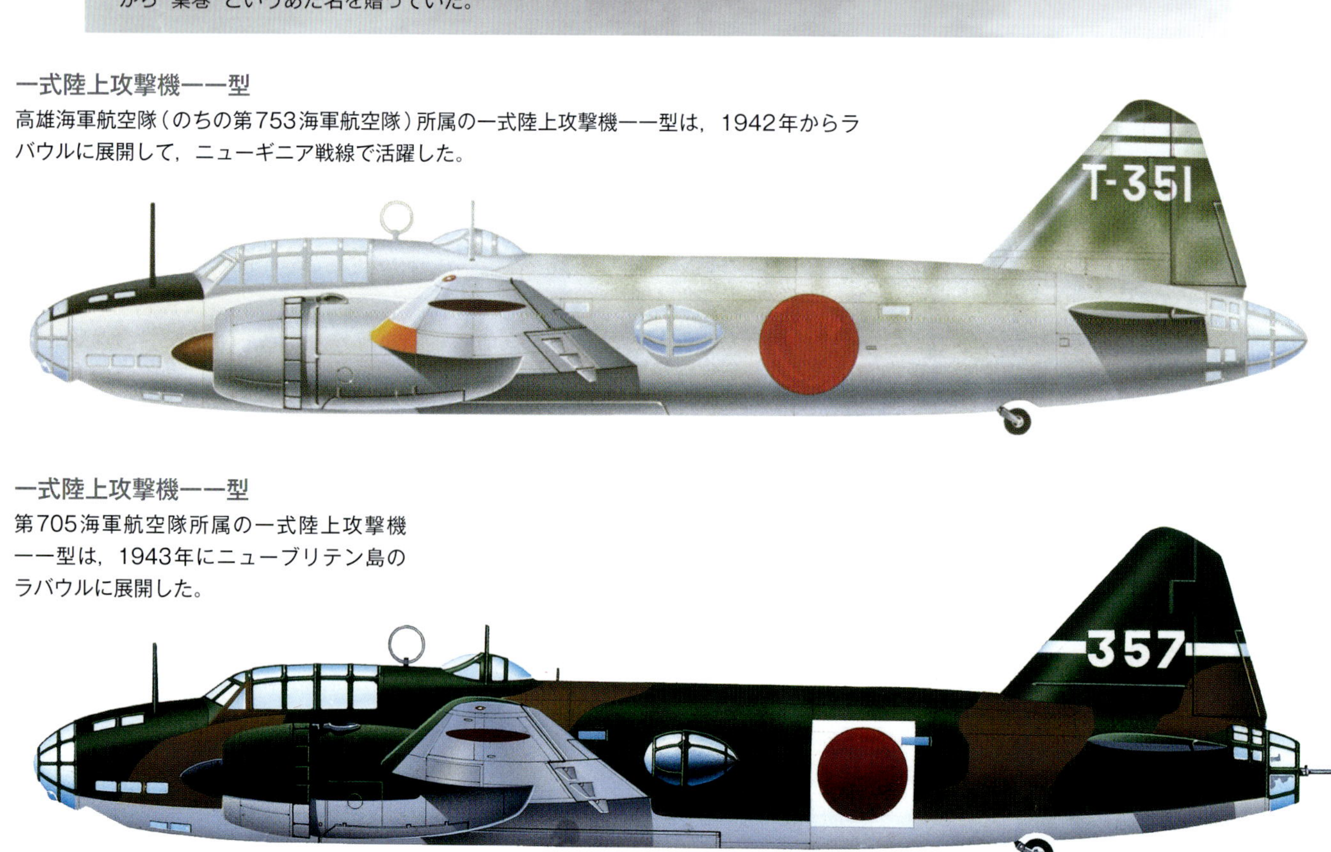

一式陸上攻撃機一一型
高雄海軍航空隊（のちの第753海軍航空隊）所属の一式陸上攻撃機一一型は，1942年からラバウルに展開して，ニューギニア戦線で活躍した。

一式陸上攻撃機一一型
第705海軍航空隊所属の一式陸上攻撃機一一型は，1943年にニューブリテン島のラバウルに展開した。

一式陸上攻撃機一一型

1943年に九州南部にある鹿屋海軍航空基地の第761海軍航空隊から飛来した一式陸上攻撃機一一型。全体が深緑色の珍しい機体である。

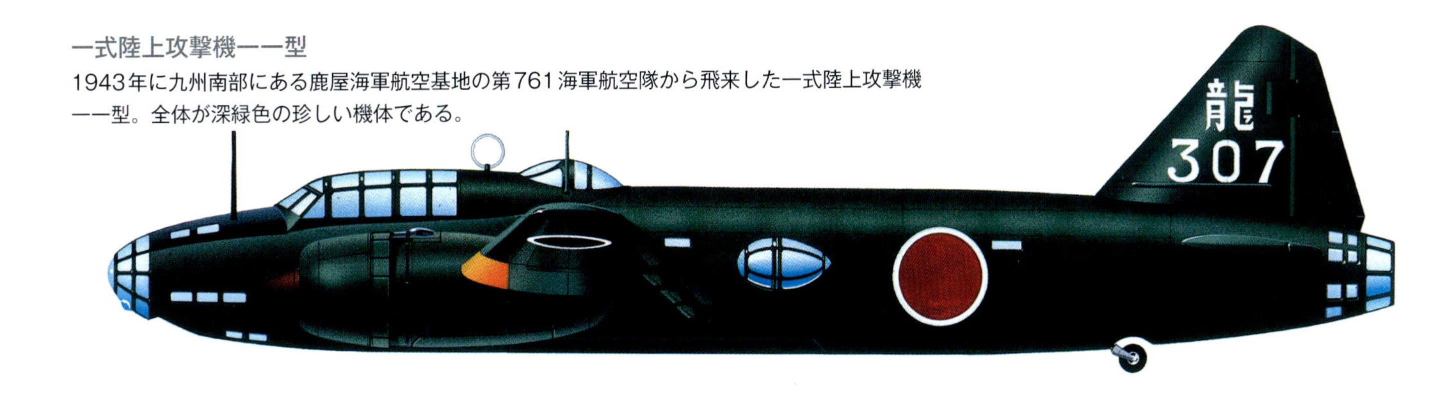

向かう途中，アメリカ陸軍戦闘機に邀撃されて戦死したのである。一式陸上攻撃機は九六式陸上攻撃機と比べると，防御火器は優れていた。一一型は，前方，後上方のブリスター銃座，そして側方左右にそれぞれ7.7mm機関銃，後方に20mm機関砲を装備している。

一式陸上攻撃機の次の改良型は，機体は一一型と同様だが，エンジンを三菱重工業の「火星15」に換装した一二型である。さらに改良した機体が二二型であり，エンジンを出力1,800馬力の三菱重工業「火星21」に換装した。二二型は，翼を層流翼とし，水平尾翼を拡大して安定性を向上させ，機首の窓を増やし，武装を強化した。二二甲型と二二乙型は，基本的に二二型と同じ形態であるが，武装を強化しており，7.7mm機関銃は2挺，20mm機関砲は4挺となった。

最後の生産型

一式陸上攻撃機は，さらに改良を続け，エンジンを出力1,825馬力の三菱重工業の「火星25」に換装した二四型が完成した。二四型の改良型には，二四甲型，二四乙型，そして二四丙型がある。

連合国によって“ベティ”のコードネームで呼ばれた一式陸上攻撃機の生産最終型は三四型であり，航続能力は低下したものの，欠点であった防御力を強化した機体である。三四型には，新型の防漏式燃料タンクが採用され，主翼が強化された。三四型は60機が生産されたが，部隊配備が遅れたため，実戦に間に合わず，印象的な功績は残っていない。

一式陸上攻撃機は，設計の段階から十分な武装と防漏式燃料タンクを搭載していれば，作戦で成果を挙げることができたであろう。

一式陸上攻撃機には，各種のエンジンを搭載した試作機があり，二五

一式陸上攻撃機一一型（G4M1）

全備重量：9,500kg
諸元：全長20.00m，全幅25.00m，全高6.00m
エンジン：離昇出力1,530馬力，三菱空冷星型「火星11」×2
速度：高度4,200mで時速428km
航続距離：6,033km
実用上昇限度：不明
武装：7.7mm×4（前方，後上方，側方左右），20mm×1（後方），爆弾：1,000kg
乗員：7名

一式陸上攻撃機一一型

高雄海軍航空隊（のちに第753海軍航空隊に再編された）第1中隊所属の一式陸上攻撃機一一型。1942年9月，ラバウルに展開した。

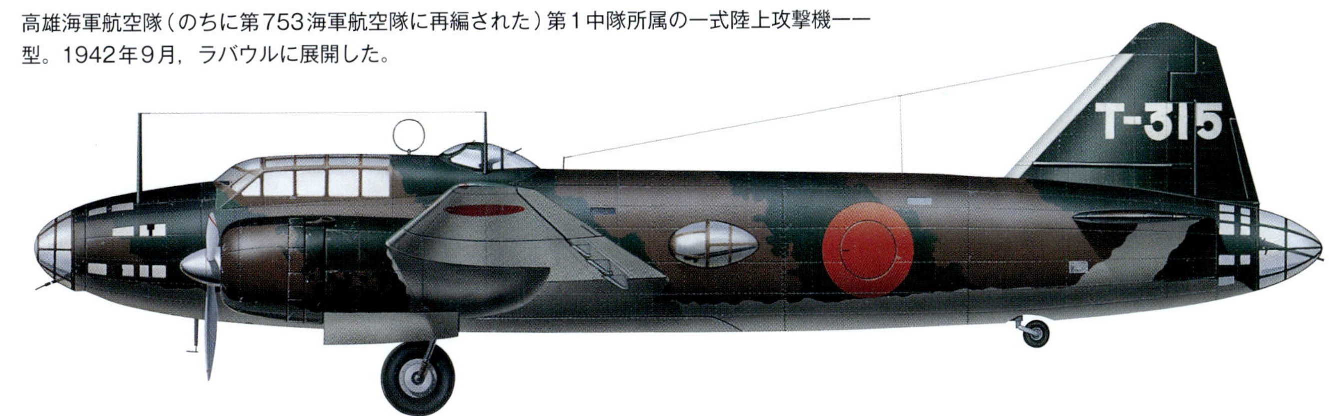

一式陸上攻撃機二四丁型

第763海軍航空隊第702飛行隊所属機で，特別攻撃機「桜花」を搭載した一式陸上攻撃機二四丁型。暗緑色で迷彩塗装されたこの機体は，1944年にフィリピンのクラーク基地で捕獲された。

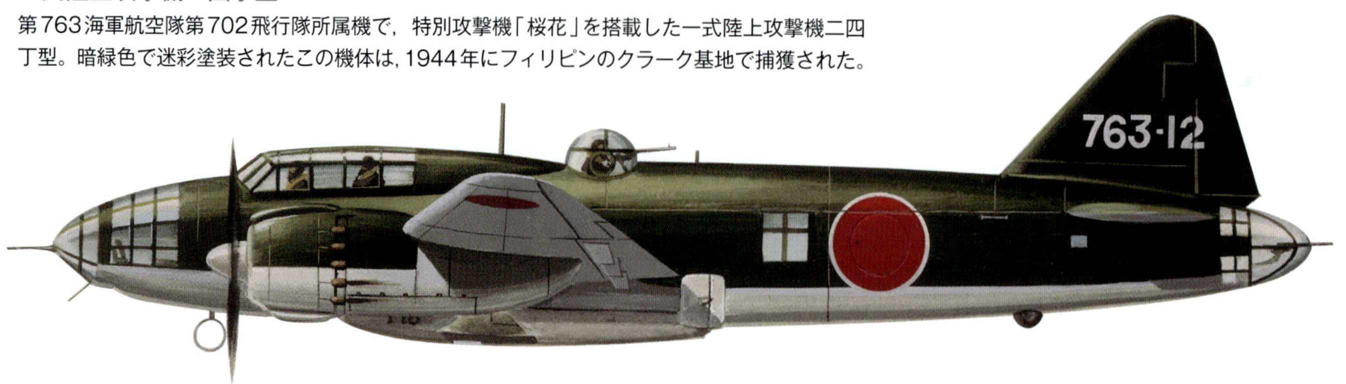

> **一式陸上攻撃機二二型（G4M2）**
> 全備重量：12,500kg
> 諸元：全長20.00m，全幅25.00m，全高6.00m
> エンジン：離昇出力1,800馬力，三菱空冷星型「火星21」×2
> 速度：高度4,600mで時速438km
> 航続距離：6,059km
> 実用上昇限度：8,950m
> 武装：7.7mm×4（前方，後上方，側方左右），20mm×2（後方），爆弾：1,000kg
> 乗員：7名

型は1機，二六型は2機，二七型は1機，三六型は2機生産された。

日本の戦況が悪化していくと，一式陸上攻撃機は特別攻撃機「桜花（おうか）」を搭載する母機となった。特別攻撃機「桜花」を吊り下げるように爆弾倉を改修した型が二四丁型である。

中国戦線での戦訓から，長距離侵攻編隊の外縁に位置し，強力な防御火器で編隊を守る翼端援護機として開発されたのが十二試陸上攻撃機改である。一式陸上攻撃機の防御火器に加えて，胴体下面ゴンドラの前後に20mm旋回銃と7.7ｍｍ機関銃を追加装備した。十二試陸上攻撃機改は，改修による重量増加のため，速力や運動性が低下して陸攻隊と行動をともにできないと判定され，生産は30機で打ち切られたが，その後，輸送機型の一式陸上輸送機一一型に改修された。太平洋戦争では，一式陸上輸送機は空挺部隊の作戦を支援した。十二試陸上攻撃機改を練習機に改修したのが，一式大型陸上練習機一一型である。

最多生産数を誇った一式陸上攻撃機，連合軍コードネーム“ベティ”の生産は終焉を迎えたが，各型の合計生産数は試作機を含め，2,446機であった。

終戦を迎え，2機の一式陸上攻撃機は，日本の降伏使節団を輸送する緑十字機の任務を与えられ，1945年8月19日に沖縄の伊江島飛行場へ降り立った。

> **一式陸上攻撃機三四型（G4M3）**
> 最大離陸重量：12,500kg
> 諸元：全長19.50m，全幅25.00m，全高6.00m
> エンジン：離昇出力1,825馬力，三菱空冷星型「火星25」×2
> 速度：高度5,150mで時速470km
> 航続距離：4,335km
> 実用上昇限度：9,220m
> 武装：7.7mm×2（前方），20mm×4（後方，上方，側方左右），爆弾：1,000kg
> 乗員：7名

一式陸上攻撃機三四型

終戦時には厚木海軍航空基地に所属していた一式陸上攻撃機三四型，連合軍コードネームは“ベティ”。一式陸上攻撃機の最終生産型であり，横須賀海軍航空隊から飛来した。

四式重爆撃機「飛龍(ひりゅう)」

(三菱重工業,キ67,“ベギィ”)

第二次世界大戦における日本の爆撃機の中で最も優秀と評価されているのが，三菱重工業が開発した四式重爆撃機で，通称は「飛龍」である。太平洋戦争も後半になると，連合軍の航空機数に比べて日本の航空機の生産数は絶望的なほど低迷し，実戦に向けたパイロット要員の飛行教育もままならなかった。

1941年初め，中島飛行機が製作した新型爆撃機の百式重爆撃機は審査中であったが，陸軍は，三菱重工業に戦術航空作戦用の新型重爆撃機の仕様書を示し，設計と試作機3機の製造を命じた。想定されていた陸軍の長期作戦計画では，この新型重爆撃機を対ソ戦に使用することが想定されていた。

試作機は，1942年12月に初飛行した。機体は片持ち中翼の単葉機で，胴体内に6名から8名の搭乗員を配置し，大型の爆弾倉を備えていた。試作機は，三菱重工業の「ハ104」エンジン2発を搭載していた。

試作機3機による審査は無事終わり，その後の飛行試験も順調であったため，武装を強化した増加試作機17機が発注された。陸軍は本機を四式重爆撃機「飛龍」として制式に採用し，1943年12月から量産が始まった。

生産型

陸軍は，さまざまな任務を達成するために各種の爆撃機を生産していたが，太平洋戦争の戦況が不利になったため，高性能の四式重爆撃機の生産に集中した。連合軍コードネームは，“ベギィ”である。

生産型の四式重爆撃機甲型は160機生産された。後続機は，魚雷懸吊架(けんちょうか)を設置した雷撃型が標準型となった。雷撃型の初陣は1944年10月「台湾沖航空戦」であり，アメリカ海軍艦艇に魚雷攻撃を行った。以降は後方の12.7mm機関砲を連装式に変更した四式重爆撃機乙型である。

機体を軽量化し，機首に75mm砲を搭載した防空戦闘機型のキ109は，22機生産された。一方，対艦大型爆弾として開発された「桜弾(さくらだん)」を搭載する神風特別攻撃機がキ167であり，乗員は削減されて4名である。

日本に対する連合軍の爆撃攻勢により，四式重爆撃機の生産は伸びなかったが，それでも698機生産され，そのうち三菱重工業が606機，川崎航空機が91機，立川の陸軍航空工廠が1機製作した。高性能だが実戦化が遅れた四式重爆撃機は，太平洋戦争で大きな業績を挙げることはできなかった。しかし，戦争末期の過酷な戦況の中，硫黄島，マリアナ，沖縄の戦場で活躍した。

四式重爆撃機一型甲「飛龍」(キ67-I)

最大離陸重量：13,765kg
諸元：全長18.70m，全幅22.50m，全高7.70m
エンジン：離昇出力1,900馬力，三菱空冷星型「ハ104」×2
速度：高度6,090mで時速537km
航続距離：3,800km
実用上昇限度：9,470m
武装：12.7mm×4(前方，側方左右，後方)，20mm×1(後上方)，爆弾：800kg，魚雷：1,070kg
乗員：6名～8名

四式重爆撃機甲型「飛龍」

飛行第61戦隊第3中隊所属の四式重爆撃機甲型「飛龍」，連合軍コードネームは“ベギィ”。終戦間際に中国大陸と台湾で作戦に参加した。

國滿洲石油壹號

第2章
陸上戦闘機

日本陸軍の戦闘機は，1930年代に起きた日中戦争で大きな成果を挙げ，そして，太平洋戦争でも同じ戦闘機で戦った。それらの戦闘機は，いずれも，軽快で高い機動力，そして軽量で軽武装という特徴があった。この章では，次の陸上戦闘機を説明する。

・九七式戦闘機（中島飛行機, キ27, “ネイト”）

・一式戦闘機「隼」（中島飛行機, キ43, “オスカー”）

・二式単座戦闘機「鍾馗」（中島飛行機, キ44, “トージョー”）

・二式複座戦闘機「屠龍」（川崎航空機, キ45, “ニック”）

・夜間戦闘機「月光」（中島飛行機, J1N, “アービング”）

・三式戦闘機「飛燕」（川崎航空機, キ61, “トニー”）

・局地戦闘機「雷電」（三菱重工業, J2M, “ジャック”）

・局地戦闘機「紫電」（川西航空機, N1K-J, “ジョージ”）

・四式戦闘機「疾風」（中島飛行機, キ84, “フランク”）

・五式戦闘機（川崎航空機, キ100）

両大戦間に開発された九七式戦闘機のデザインを取り込んだ，軽快で機敏な一式戦闘機は，数のうえでは，太平洋戦争における日本陸軍航空隊の主力戦闘機であったが，1943年には連合軍の戦闘機と比べて能力が劣っていることがわかった。

九七式戦闘機

（中島飛行機，キ27，“ネイト”）

速度と操縦性を重視するあまり，機体構造と火力を犠牲にしたといわれる九七式戦闘機は，当時としては，未来志向的な外形をしており，当初は，少なくとも空中戦では向かうところ敵なしの軽戦闘機であった。

九七式戦闘機は，中島飛行機が独自に計画していた単座，単葉の追撃実験機（PE）から発展した機体であり，当時から，全金属製の応力外皮構造，定速プロペラ，カウルフラップ，下げフラップの新技術を採用していた。

1935年半ば，日本陸軍は，川崎航空機，三菱重工業，中島飛行機の3社に九五式戦闘機と同程度の操縦性を有する低翼単葉戦闘機の競合試作を命じた。中島飛行機は，追撃実験機の経験を取り入れて製作することにした。審査では，中島飛行機のキ27が選定された。採用されたキ27は，追撃実験機と多くの共通性があり，飛行テストで指摘された問題点はすべて解決した。キ27の初飛行は1936年10月であり，3社の中では最も速度が速かった。

中島飛行機は，キ27の試作機2機と増加試作機10機を製作して陸軍の審査を受けた。増加試作機は，翼幅を延長し，キャノピーをファストバック型に改修した。エンジンは出力780馬力の中島飛行機「ハ1乙」であり，このエンジンは，イギリスのブリストル社のジュピターエンジンをライセンス生産したものであった。1937年，九七式戦闘機甲型として陸軍に制式に採用され，量産が命ぜられた。

最初の犠牲

九七式戦闘機は，1938年3月より中国東北部の戦争に投入されたが，当初から中国空軍の戦闘機を圧倒した。九七式戦闘機は防漏式燃料タンクを装備しておらず，機体は対弾性に欠け，火力は7.7mm機関銃2挺のみと貧弱であったが，速度，上昇力，機動性は当時，中国戦線にいたあらゆる戦闘機の性能を上回っていた。1939年5月から始まったノモンハン事件では，数で優勢なソ連軍機と互角に戦って，戦場の航空優勢を失わず，大きな成果を挙げた。

九七式戦闘機甲（キ27甲）
最大離陸重量：1,790kg
諸元：全長7.53m，全幅11.31m，
全高7.53m
エンジン：離昇出力710馬力，中島空冷星型「ハ1B」×1
速度：高度3,500mで時速470km
航続距離：625km
実用上昇限度：12,250m
武装：7.7mm×2（胴体）
乗員：1名

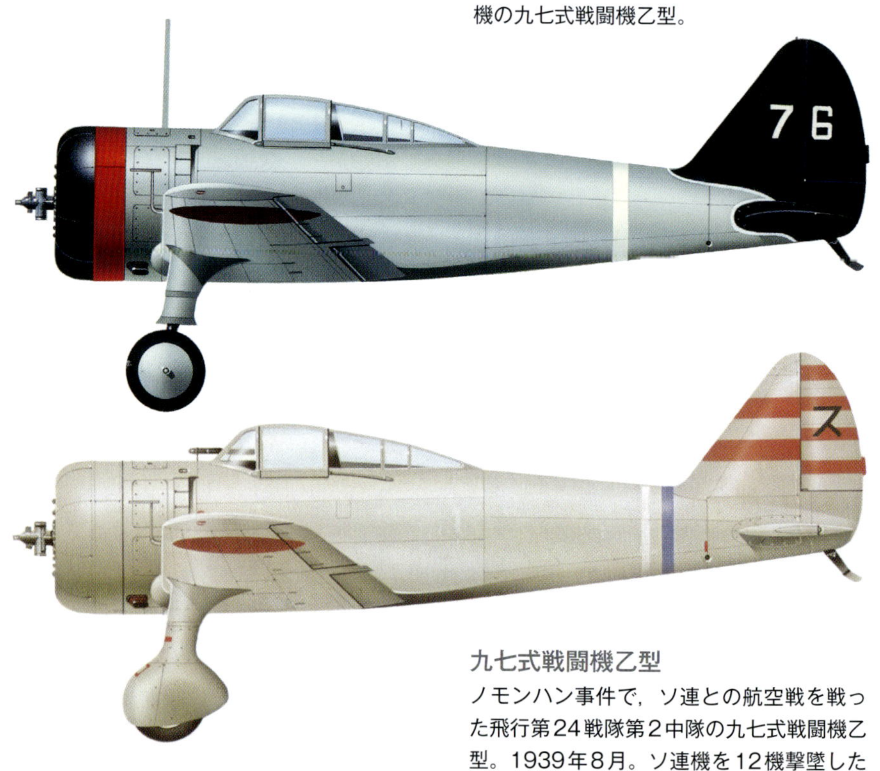

九七式戦闘機乙型
1939年，満洲のハルヒン・ゴル川上空で航空戦に参加した飛行第10独立中隊中隊長機の九七式戦闘機乙型。

九七式戦闘機乙型
ノモンハン事件で，ソ連との航空戦を戦った飛行第24戦隊第2中隊の九七式戦闘機乙型。1939年8月。ソ連機を12機撃墜した撃墜王の西原（にしはら）五郎（ごろう）曹長乗機。

九七式戦闘機乙型

1939年6月。各務ヶ原陸軍飛行場の九七式戦闘機乙型。飛行第1戦隊長加藤敏雄中佐乗機。

太平洋戦争の開戦にともない，九七式戦闘機はビルマ，マレー半島，オランダ領東インド諸島，フィリピンに進撃する日本軍を空から支援した。しかし，1943年頃には，連合軍戦闘機と比べて性能が見劣りするようになり，最前線から後退して防空戦闘機として日本本土の防衛任務に就くか，あるいは九七式練習戦闘機として使用された。戦争末期には，その多くが神風特別攻撃に使用された。

九七式戦闘機の唯一の派生型として，戦訓を取り入れてキャノピーを水滴型に改修するとともに，機体の一部を改修した九七式戦闘機乙型がある。さらに，機体を軽量化したK-1試作機は2機生産された。

最終生産数

九七式戦闘機の生産は1942年まで続けられ，合計で3,386機生産された。中島飛行機で2,007機，立川飛行機で60機，満洲飛行機製造で1,319機が生産された。満洲飛行機製造は，1940年まで九七式戦闘機を生産している。

当初，九七式戦闘機が中国，ビルマ，インド戦域に出現した時に連合軍がつけたコードネームは“アブダル”であったが，のちに“ネイト”に変更された。

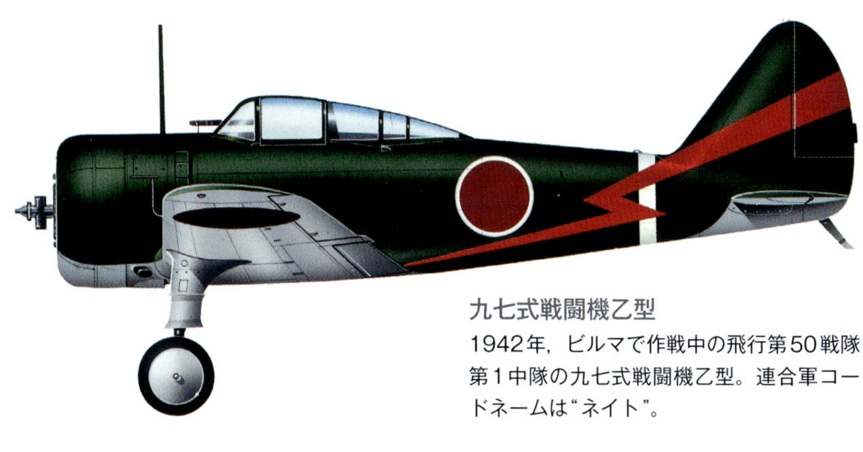

九七式戦闘機乙型

1942年，ビルマで作戦中の飛行第50戦隊第1中隊の九七式戦闘機乙型。連合軍コードネームは“ネイト”。

九七式戦闘機乙型

飛行第246戦隊第2中隊所属の九七式戦闘機乙型。機体番号21。日本本土の大阪と神戸の防衛のため，加古川飛行場に展開した。1942年。

一式戦闘機「隼（はやぶさ）」

（中島飛行機，キ43，“オスカー”）

日本陸軍の戦闘機の中で最多生産数を誇る一式戦闘機は，太平洋戦争当初，引き込み式の主脚を備えた近代的な戦闘機として活躍し，性能の劣った戦闘機を操縦していた連合軍パイロットに衝撃を与えた。

一式戦闘機は，同じ中島飛行機が製作した九七式戦闘機の設計思想を継承した機体であり，軽量，高性能で高い空戦性能を誇っていた。

設計は1937年12月から始まり，試作機は3機製作され，1939年1月に初飛行した。異例なことだが，陸軍はライバル会社との比較審査を行わず，中島飛行機に直接，一式戦闘機の開発と製造を命じた。

一式戦闘機は片持ち式の低翼単葉機で，主脚は格納式である。パイロットは密封型のキャノピーで防護されており，エンジンは過給機付きの出力975馬力の中島飛行機「ハ25」であった。

増加試作機は，陸軍の審査を受け

一式戦闘機一型甲「隼」（キ43-I甲）

最大離陸重量：2,583kg
諸元：全長8.83m，全幅11.44m，全高3.27m
エンジン：離昇出力975馬力，中島空冷星型「ハ25」×1
速度：高度4,000mで時速495km
航続距離：1,200km
実用上昇限度：11,750m
武装：7.7mm×2（胴体），爆弾：15kg×2
乗員：1名

一式戦闘機一型丙「隼」
太平洋戦争の緒戦で，インド，ビルマの連合軍を中国から遮断する作戦に参加した飛行第64戦隊所属の一式戦闘機一型丙「隼」。

一式戦闘機一型丙「隼」
カラフルな塗装を施した一式戦闘機一型丙「隼」，連合軍コードネームは“オスカー”。飛行第50戦隊第1中隊所属機。所沢陸軍飛行場。1942年6月。

一式戦闘機二型乙「隼」
1944年1月に中国の漢口基地に展開した飛行第25戦隊第3中隊の一式戦闘機二型乙「隼」。

たが，運用要求を満たさず，採用されなかった。しかし，1940年夏に陸軍が南方進攻作戦を行うために，航続力に優れた戦闘機が必要となったことから，1941年5月に一式戦闘機一型甲「隼」として制式に採用された。一型甲の基本武装は，カウリング上の7.7mm機関銃2挺であり，また15kgの爆弾を2発携行した。当初は2翅の木製プロペラであったが，まもなく金属製に換装された。

太平洋戦争の勃発にともない，一式戦闘機は少数ながら大活躍し，陸軍を代表する戦闘機として広く国民に知られるようになった。しかし，ひとたび連合軍の手ごわい新鋭戦闘機が現れ始めると，性能の向上が必要となった。

武装の強化

一式戦闘機一型乙は武装強化型であり，7.7mm機関銃1挺を，より強力な12.7mm機関砲に交換した。一型乙は，機関砲以外の変更箇所はなかった。

さらに武装を強化した型が，一式戦闘機一型丙で12.7mm機関砲を2挺搭載した。一型甲と比べ，一型丙の改良はこれだけである。

一式戦闘機二型

一型の性能を劇的に向上させた型が，最多生産型の一式戦闘機二型甲であり，5機の試作機が作られた。速度を向上させるため，よりパワフルな中島飛行機「ハ115」エンジンを搭載し，プロペラは3翅の定速プロペラに換装し，燃料タンクは防漏式となった。連合軍機との交戦から，一型には燃料タンクとパイロットの防護に弱点があることがわかったからである。二型甲は1942年2月に初飛行し，さらに5機の試作機と3機の増加試作機が作られた。

12.7mm機関砲を2挺搭載した二型甲の生産は，1942年11月から始まった。二型甲は地上攻撃能力が強化され，翼下に250kg爆弾を2発搭載した。二型甲の別の改修は，カウリング下部の気化器空気取り入れ口をカウリング上部に移し，主翼は両翼端を切り詰めたため，全幅が短

一式戦闘機二型「隼」
これは，飛行第50戦隊第1中隊所属の一式戦闘機二型「隼」。胴体に描かれた「稲妻」のマークで知られている。

くなり，翼面積が減少した。風防と天蓋を再設計して曲面とし，照準器を眼鏡式から光像式に変更した。

二型乙は二型甲とほとんど同様であったが，わずかな装備を変更した。キャブレターの空気取り入れ口を変更した二型乙は量産型として，ただちに二型甲に取って代わった。しかし，二型乙の後期生産型には，別の際立った特徴があった。燃料タンクの懸吊架(けんちょうか)を外側に移動し，オイルクーラーをキャブレターの空気取り入れ口から胴体中央に変更した。

二型甲と二型乙の多くの改良点は，生産現場で統合され，結果として，一式戦闘機二型改として生産された。二型改では，排気管が改良されて推力式単排気管となった。

一式戦闘機三型

一式戦闘機の次の改良は，エンジンを中島飛行機の「ハ115-Ⅱ」に換装して速度を向上させたことである。新エンジンは，10機の試作機で試験を行い，1944年5月に一式戦闘機三型甲として採用された。新エンジンを搭載した三型甲の最大速度は向上したが，機体は二型改と同様であった。また，中島飛行機は三型甲の生産は行わず，立川飛行機が生産した。

最終型の一式戦闘機三型乙は，エンジンを三菱重工業の「ハ112」に

一式戦闘機二型乙「隼」
カラフルな一式戦闘機二型乙「隼」は，1943年冬から1944年にかけてビルマで作戦に従事した飛行第77戦隊本部中隊長機。

一式戦闘機二型乙「隼」（キ43-Ⅱ乙）

最大離陸重量：2,590kg
諸元：全長8.92m，全幅10.84m，全高3.27m
エンジン：離昇出力1,150馬力，中島空冷星型「ハ115」×1
速度：高度4,000mで時速530km
航続距離：3,200km
実用上昇限度：11,200m
武装：12.7mm×2（胴体），爆弾：30kg～250kg×2
乗員：1名

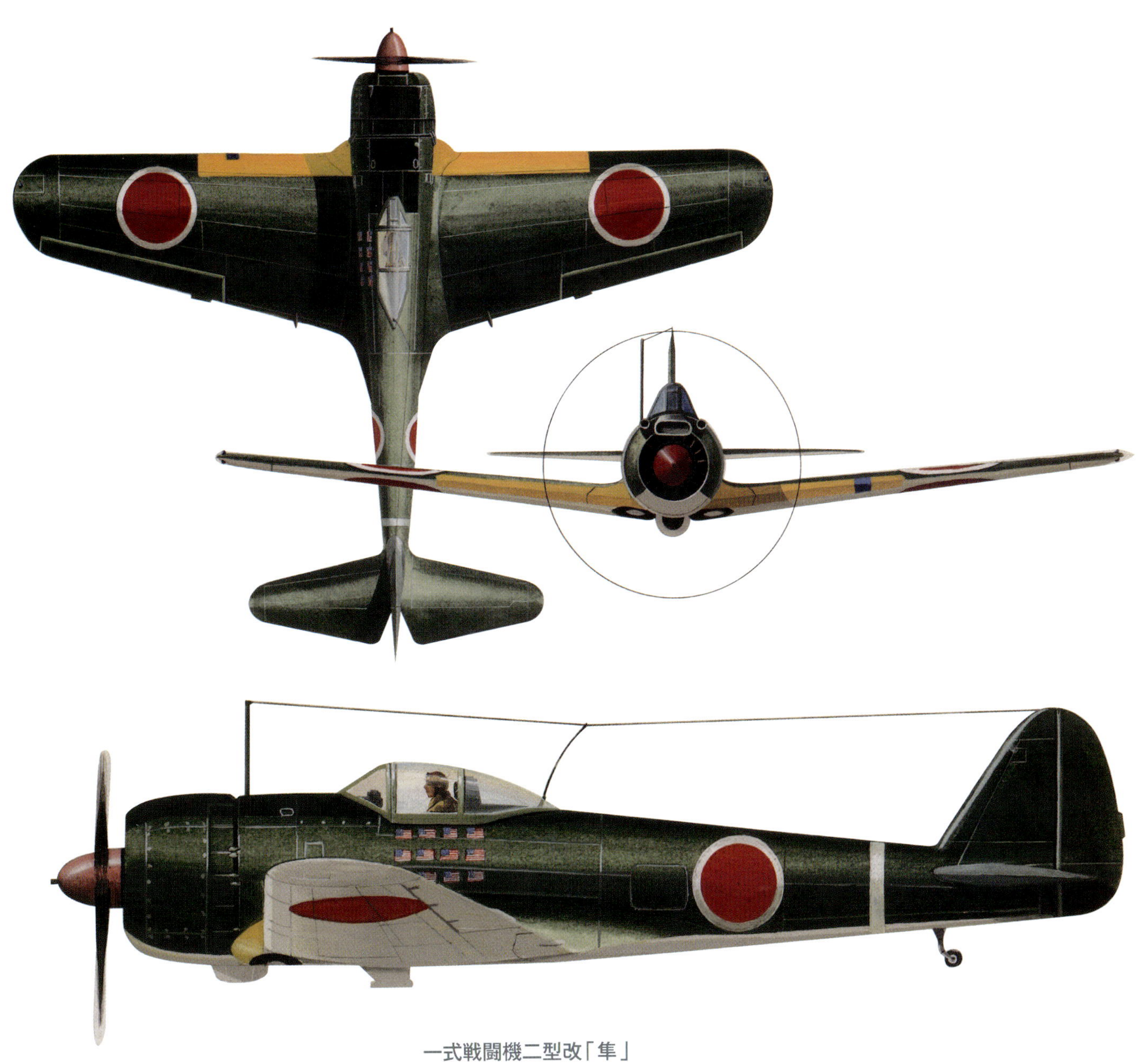

一式戦闘機二型改「隼」
一式戦闘機二型改「隼」の三面図。この型は最後から二番目の型であるとともに，主要生産会社の中島飛行機で生産された型としては最後の型となった。

換装し，攻撃能力を高めるために20mm機関砲を2挺搭載したが，翼下の懸吊架は変更しなかった。試作機は2機生産されたが，量産されることはなかった。

生産

一式戦闘機の生産数は5,919機であり，そのうちの3,239機は中島飛行機，2,631機は立川飛行機，残りの49機は立川の陸軍航空工廠で生産された。一式戦闘機のすべての型の連合軍コードネームは，“オスカー”である。

一式戦闘機は陸軍の航空機の中では最大の生産数を誇り，西太平洋とアジア全域で活躍した。一式戦闘機は太平洋戦争開戦後の一週間に，ビルマ，マレー半島，フィリピンで戦闘し，終戦間近には日本本土の防衛を担当し，侵攻してくる連合軍爆撃機の迎撃任務についた。その後は神風特別攻撃にも参加した。

一式戦闘機は第二次世界大戦後も，仏領インドシナとインドネシアで使用されている。

二式単座戦闘機「鍾馗(しょうき)」

(中島飛行機，キ44，“トージョー”)

第二次世界大戦中に制式採用され，量産された戦闘機の中で，上昇性能が傑出していると評価されたのが陸軍の二式単座戦闘機である。特に，アメリカ陸軍航空軍のB-29が日本本土の爆撃を開始して以降，迎撃戦闘機として日本の防空に大きく貢献した。

二式単座戦闘機の設計と開発は，一式戦闘機の開発と同時期に行われた。そのため二式単座戦闘機には，一式戦闘機の設計思想が強く反映されていた。しかし，運用要求は異なっており，格闘性能を重視した「軽量単座戦闘機」の一式戦闘機に対し，連合軍の爆撃機に対する迎撃を目的とした重武装で速度重視の「重量単座戦闘機」が二式単座戦闘機である。上昇性能は5分以内に4,000m，最大速度は時速600km以上が求められていた。

試作機のエンジンは，当時としては最も高出力の1,250馬力の中島飛行機「ハ41」であるが，機体形状は一式戦闘機とよく似ていた。胴体に7.7mm機関銃2挺と翼内に12.7mm機関砲2挺を搭載した。3機の試作機と7機の増加試作機が製作された。

二式単座戦闘機試作機の初飛行は，1940年8月であり，試験飛行の結果，速度も上昇力も要求に達しなかったため，審査は難航した。7機目の増加試作機は，1941年9月に完成した。改修を加え，2次審査を受けた結果，ようやく審査に合格し，1941年9月に二式単座戦闘機一型甲

二式単座戦闘機二型乙「鍾馗」(キ44-Ⅱ乙)

最大離陸重量：2,995kg
諸元：全長8.80m，全幅9.45m，全高3.25m
エンジン：離昇出力1,520馬力，中島空冷星型「ハ109」×1
速度：高度5,200mで時速605km
航続距離：1,700km
実用上昇限度：11,200m
武装：12.7mm×2(胴体)
乗員：1名

二式単座戦闘機「鍾馗」(増加試作機)
1942年初め，マレーに展開した独立飛行隊第47中隊に試験的に配備された二式単座戦闘機「鍾馗」の増加試作機。

二式単座戦闘機一型「鍾馗」
三重県明野陸軍航空基地，明野教導飛行師団所属の二式単座戦闘機一型「鍾馗」。1944年。

二式単座戦闘機二型乙「鍾馗」
1944年末，本土防衛の任務に就いた二式単座戦闘機二型乙「鍾馗」。東部軍管区の飛行第23戦隊所属機。

として制式に採用された。通称は「鍾馗」である。二式単座戦闘機が部隊配備されたのは1942年9月であり，増加試作機で独立飛行中隊を編成して，南方作戦で戦っている。

二式単座戦闘機一型乙は，武装強化型であり，12.7mm機関砲を胴体に2挺，翼内に2挺搭載した。その他の変更として，オイルクーラーをエンジン・カウリング内から機体下面に移設した。

二式単座戦闘機一型の最終型が一型丙で，主脚の車輪カバーの形状を変更している。一型の生産数は少なく，40機であった。

性能の改善

部隊に配備された当初，二式単座戦闘機は戦闘の機会に恵まれず，あまり目立った活躍ができなかった。翼面過重が高かったため，着陸速度が速く，機動性は劣っていた。しかし，連合軍爆撃機の侵攻に対しては，よく応戦して高い評価を得た。

二式単座戦闘機の最初の改良型が，エンジンをよりパワフルな中島飛行機「ハ109」に換装した二型甲で，1942年8月までに5機の試作機と3機の増加試作機が作られた。一型は百式司令部偵察機より速度が劣っていたため，二型は，当時の陸軍機の中で最速の戦闘機を目指して開発された機体であった。

二式単座戦闘機二型は最初の生産型として量産に入り，部隊には二型甲として配備されたが，武装は一型甲の7.7mm機関銃2挺，12.5mm機関砲2挺のままであった。一型甲は，次の新形態である二型甲の生産ラインが稼働する前に少数機が完成している。

二型の次の量産型が二式単座戦闘機二型乙（キ44-Ⅱ乙）であり，翼内の武装を廃止して胴体内に12.7mm機関砲2挺のみを装備し，一部の機体には特殊装備として翼内に40mm自動噴進砲を搭載できるように改修された。

パイロットの印象

二式単座戦闘機が部隊に配備された時，当初，パイロットたちには不人気であった。彼らは，空戦性能が優れた軽快な機体を好んでいた。二式単座戦闘機は，九七式戦闘機や一式戦闘機と比べて機動性に欠け，高い着陸速度は危険視されていた。しかし，ひとたび二式単座戦闘機で飛行訓練を始めると，パイロットたちの印象は変わり，特に，その上昇性能や急降下性能は高く評価された。一方で，急な横転，失速，スピン，高速背面飛行は制限された。パイロットの防護は不足しており，燃料タンクの自動防漏装置もなかった。

アメリカ陸軍航空軍のB-29による爆撃に対抗するため，日本本土防衛の任務に就いていた，日本陸軍唯一の迎撃戦闘機の二式単座戦闘機。三個戦隊が高い上昇能力を持つ二式単座戦闘機を装備しており，終戦まで戦った。

二式単座戦闘機二型乙「鍾馗」
1945年初め，東部軍管区に所属した飛行第87戦隊第2中隊長稲山英明大尉乗機の二式単座戦闘機二型乙「鍾馗」。

二式単座戦闘機二型乙「鍾馗」
1944年夏，東京の成増陸軍飛行場に展開していた飛行第47戦隊震天制空隊所属の二式単座戦闘機二型乙「鍾馗」。

「鍾馗」の実戦

二式単座戦闘機二型乙は，1942年4月に，アメリカの空母「ホーネット」から発進したB-25双発爆撃機16機のドーリットル飛行隊が日本本土を爆撃したことから，陸軍初の迎撃戦闘機として防空任務についた。二型乙の別の部隊は中国戦線に投入され，また，マレー半島，ビルマでも戦闘した。スマトラでは，重要目標であるパレンバンの石油製造所の防空任務についた。

二式戦闘機「鍾馗」二型丙の武装は，さらに改良されて12.7mm機関砲4挺を搭載した。二型丙の外観は，日本を直接空襲するB-29爆撃機を阻止できる，恐るべき爆撃機の撃墜者のように見えた。二型乙は，40mm自動推進機関砲2挺と12.7mm機関砲を2挺搭載した。しかし，40mm自動推進機関砲の有効射程は短かった。三型乙は37mm機関砲を試験的に搭載している。

その後，さらに推力を増加させた出力2,000馬力の中島飛行機「ハ145」エンジンを搭載し，20mm機関砲を4挺装備した型が，二式単座戦闘機の"第三世代機"である三型甲である。

三型甲は，新型エンジンの搭載による重量増加に対応するため，主翼を拡大し尾翼を増積した。初飛行は1943年6月であったが，折から高性能の中島飛行機の四式戦闘機「疾風」の開発が進んでいたことから，少数が作られたのみで終わった。

二式単座戦闘機の最終生産型が，20mm機関砲を2挺と37mm機関砲2挺を搭載して火力を強化し，"爆撃機の撃墜者"にしようとしたのが三型乙である。

二式単座戦闘機は，四式戦闘機の生産が始まったため，1944年末に生産が終了したが，それまでに1,225機生産された。すべての二式単座戦闘機は，中島飛行機で生産された。連合軍のコードネームは，"トージョー"である。

太平洋戦争末期，二式単座戦闘機部隊は神風特別攻撃に参加した。飛行第47戦隊では，軽量化して上昇力を高めた二式単座戦闘機による特別攻撃隊，震天制空隊を編成した。1944年11月に行われた，来襲するB-29の迎撃では，震天制空隊の隊員が体当たり攻撃を成功させている。

二式複座戦闘機「屠龍」

(川崎航空機, キ45, “ニック”)

日本本土防空戦において有力な夜間戦闘機として活躍したのが，当初，長距離重戦闘機として開発されたキ45二式複座戦闘機である。1930年代に西洋諸国で流行していた双発戦闘機の影響を強く受けたキ45は，紆余曲折の末に完成した機体であった。

キ44は，中島飛行機が製作して制式採用された二式単座戦闘機「鍾馗」であるが，キ45は川崎航空機が製作した二式複座戦闘機であり，通称は「屠龍」である。二式複座戦闘機の開発は1937年にさかのぼる。当時，陸軍は，広大な太平洋で作戦できる長大な航続力を有する双発戦闘機を開発しようとしていた。

新戦闘機は，川崎航空機が先行開発していたキ38の影響を受けており，キ45はキ38の重要な要素を取り入れていた。キ45は片持ち式の中翼単葉機で，主脚は格納式である。座席はタンデムの複座で，風防は密閉式である。

試作機

キ45の試作機は，1939年1月に初飛行した。エンジンは出力820馬力の中島飛行機「ハ20乙」2基だが，エンジンは馬力不足のうえに故障が続出していた。最初の3機の試作機の武装は，7.7mm機関銃3挺，20mm機関砲1挺であった。

エンジンを出力1,000馬力の中島飛行機「ハ25」に換装した試作機には，キ45改の型式が与えられたが，

二式複座戦闘機丙型「屠龍」(キ45改)

最大離陸重量：5,500kg
諸元：全長11.00m，全幅15.05m，全高3.70m
エンジン：離昇出力1,080馬力，三菱空冷星型「ハ102」×2
速度：高度7,000mで時速545km
航続距離：2,000km
実用上昇限度：10,000m
武装：7.92mm×1(後上方)，20mm×2(前方)，37mm×1(前方)，20mm×1(胴体)，爆弾：50kg～60kg×2，250kg×2，タ弾×4
乗員：2名

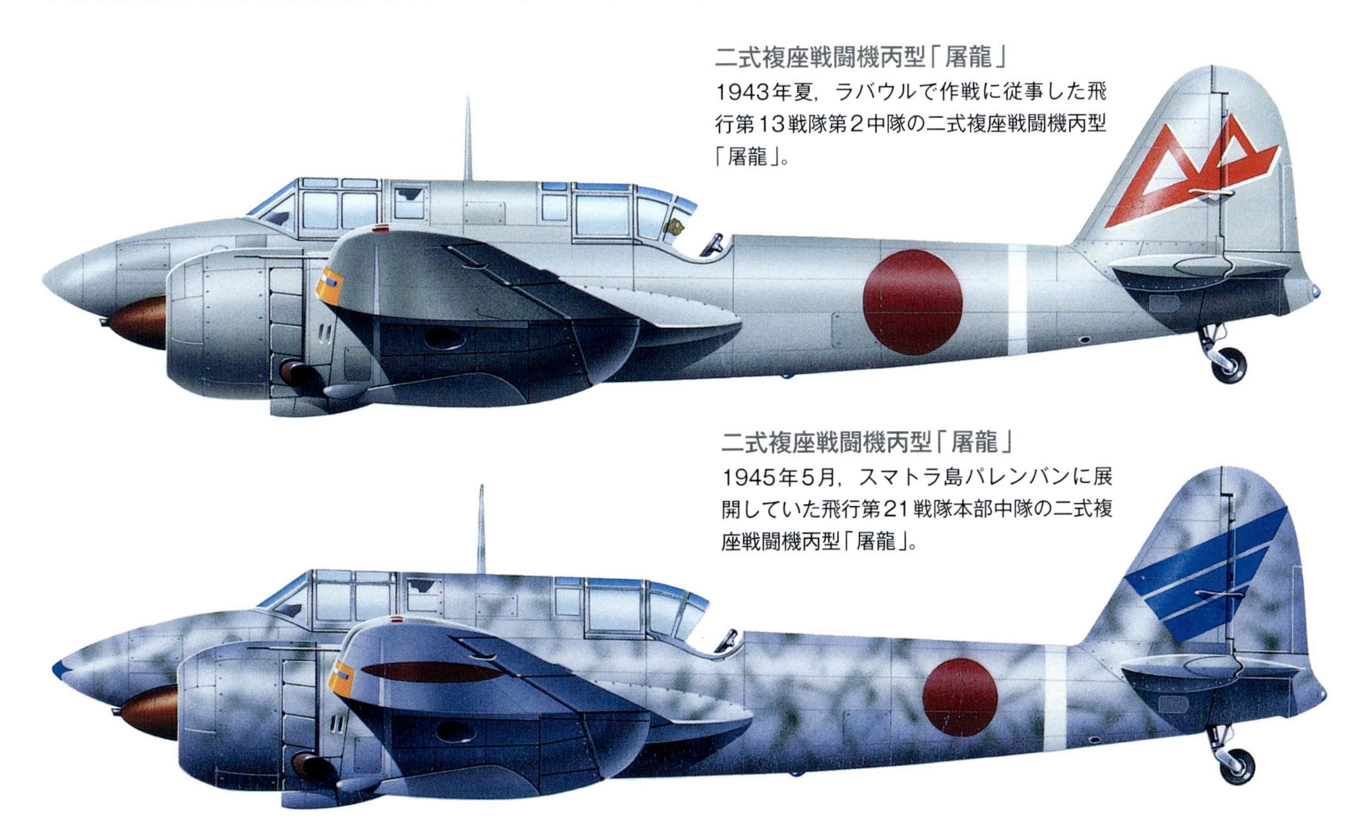

二式複座戦闘機丙型「屠龍」
1943年夏，ラバウルで作戦に従事した飛行第13戦隊第2中隊の二式複座戦闘機丙型「屠龍」。

二式複座戦闘機丙型「屠龍」
1945年5月，スマトラ島パレンバンに展開していた飛行第21戦隊本部中隊の二式複座戦闘機丙型「屠龍」。

武装はそのままであった。その後，機体を再設計し，エンジンを三菱重工業「ハ102」に換装したため，1942年2月に二式複座戦闘機甲型（キ45改甲）として制式採用された。

最終的に改良されたキ45改は二式複座戦闘機甲型「屠龍」，またはキ45改甲として制式に採用され，1941年9月から量産が始まった。甲型の武装は，機首に12.7mm機関砲2挺，胴体右下面に20mm機関砲1挺，後上方に7.92mm機関銃1挺であった。甲型は1942年8月に部隊に配備され，1942年9月に初陣を飾った。その結果，連合軍から“ニック”というコードネームをつけられた。

太平洋戦争の初頭，二式複座戦闘機「屠龍」は夜間邀撃(ようげき)任務に就き，アメリカ陸軍航空軍のB-24爆撃機の邀撃に成功した。一部の二式複座戦闘機は，背部に7.7mm機関銃を斜めに取り付けて，爆撃機の後下方から攻撃した。夜間邀撃戦闘が成功したことにより，夜間戦闘任務専用の型が生まれた。

二式複座戦闘機の夜間戦闘機型が乙型であり，撃墜が困難なアメリカ陸軍の大型爆撃機に対抗するため，胴体下部に37mm戦車砲を搭載し，翼下には250kg爆弾を装備した。機首の武装を37mm機関砲に換装し，胴体下面に20mm機関砲1挺を装備したのが二式複座戦闘機丙型である。機首に電波標定器を取り付けた二式複座戦闘機戊型は10機製作されたが，終戦まで実用化されなかった。二式複座戦闘機を単座に改修した型がキ96である。

二式複座戦闘機のすべての型の生産数は1,698機であり，ビルマ，満洲，スマトラの戦場で大きな成果を挙げた。そして，終戦間際には神風特別攻撃に参加している。

地上攻撃型

二式複座戦闘機がひとたび重戦闘機として部隊に配備されると，性能に余裕があることから，ただちに対地攻撃任務が求められるようになった。そうして改修されたのが二式複座戦闘機乙型であり，前方の機関銃を20mm機関砲に換装し，腹部に手動装填式の37mm機関砲を取り付けた。二式複座戦闘機乙型の派生型として，対戦車攻撃用として75mm砲を搭載するための試験機として使用された型がある。二式複座戦闘機丁型は，対艦攻撃に特化して改修され機体であり，前部に20mm機関砲2挺，腹部に37mm機関砲1挺，後部座席に防御用の7.7mm機関銃1挺を取り付けた。

二式複座戦闘機丙型「屠龍」
1943年春，千葉県柏陸軍飛行場の飛行第5戦隊第1中隊の二式複座戦闘機丙型「屠龍」。

二式複座戦闘機丙型「屠龍」
1944年11月，フィリピンに展開した飛行第27戦隊第2中隊の二式複座戦闘機丙型「屠龍」。

夜間戦闘機「月光(げっこう)」
（中島飛行機，J1N，“アービング”）

当初，長距離侵攻する攻撃機を援護する双発戦闘機として開発された十三試双発陸上戦闘機は，審査の結果，戦闘機としては運動性能が劣ると判定されたが，偵察機として注目された。その後，日本海軍は十三試双発陸上戦闘機を夜間戦闘機に改修して，終戦まで使用した。

日本海軍は，戦闘機と同等の空戦能力を持ち，航続性能の良い双発戦闘機の開発を中島飛行機に命じた。十三試双発陸上戦闘機の目的は，中国大陸に奥深く侵攻する攻撃機の援護であり，試作機は1941年5月に初飛行した。

十三試双発陸上戦闘機は，片持ち低翼の単葉機で主脚は格納式である。エンジンは中島飛行機の「栄(さかえ)21／栄22」の双発で，エンジンは互いに逆回転する。乗員はパイロット，ナビゲーター，通信手兼射撃手の3名で，武装は7.7mm機関銃3挺と20mm機関砲1挺である。

十三試双発陸上戦闘機は，航続距離以外は三菱重工業の零式艦上戦闘機の性能をしのぐことが要求されたが，飛行試験の結果，援護戦闘機としての任務を果たせないことがわかった。しかし，長い航続力，頑丈な機体，そして速度性能が注目され，偵察型として注目された。

二式陸上偵察機（J1N1-C，その後J1N1-Rに改称）は，中島飛行機「栄21」エンジンを2基搭載し，後上方の4連装7.7mm機関銃を取り去って1挺にし，機内燃料の消費を少なくするため落下式増槽を装備できるようにした。

偵察型は7機の追加試作機が完成して実用試験を終え，二式陸上偵察機として制式に採用された。後上方の火器は20mm機関砲に換装された。これらの機体の型式は「J1N1-R」である。

夜間戦闘任務

1943年初め，十三試双発陸上戦闘機の夜間戦闘機への改修が行われた。夜間戦闘機の搭乗員は3名から2名になり，火器は強化されて20mm機関砲4挺となり，後背部の2挺は上向きに，腹部の2挺は下向きに設置した。夜間戦闘機への改良型は，B-24爆撃機と初めて交戦して戦果を挙げ，十三試双発陸上戦闘機改となった。

十三試双発陸上戦闘機改の量産型は，夜間戦闘機「月光」一一甲型として制式に採用された。一一甲型は，機首に小型の捜索用ライトを装備しており，のちに量産型に無線電信機（電探）が装備された。

夜間戦闘機一一甲型には別の型があり，それは効果が低いとみられた腹部下向きの20mm機関砲2挺を撤去した型である。そのうちの少数機には，機首部に前方防御用火器を装備した。すべての型式の生産台数は479機である。

夜間戦闘機「月光」（J1N1-S）
最大離陸重量：8,185kg
諸元：全長12.77m，全幅16.98m，
　全高3.99m
エンジン：離昇出力1,130馬力，中島
　空冷星型「栄21」×2
速度：高度5,800mで時速507km
航続距離：3,780km
上昇限度：9,320m
武装：20mm×2（前上方斜銃），
　20mm×2（前下方斜銃）
乗員：2名

夜間戦闘機「月光」一一型
ラバウルのラクナイに展開した第251海軍航空隊の夜間戦闘機「月光」一一型。1943年11月。

三式戦闘機「飛燕(ひえん)」

(川崎航空機,キ61,“トニー”)

第二次世界大戦に実戦配備された陸軍の戦闘機の中で，液冷エンジンを採用したユニークな戦闘機がキ61三式戦闘機である。キ61は，ドイツ設計陣の影響を受けて開発されたが，長い間，液冷エンジンの信頼性の問題が解決できなかった。

川崎航空機製の三式戦闘機は，同じ川崎航空機の「ハ40」液冷直列エンジンの搭載を前提として製作された。「ハ40」エンジンは，ドイツのダイムラー・ベンツ社のDB601Aエンジンを，川崎航空機がライセンス権を購入して生産したものであった。次いで，陸軍が「ハ40」のライセンス権を購入し，量産型は1941年7月に完成した。このエンジンはキ60の原型機に搭載されたが，問題があることがわかった。

「ハ40」エンジンを搭載した三式戦闘機試作機は，1941年12月に初

三式戦闘機一型丙「飛燕」
(キ61-I丙)

最大離陸重量：3,470kg
諸元：全長8.95m，全幅12.00m，全高3.70m
エンジン：離昇出力1,175馬力，川崎液冷直列「ハ40」×1
速度：時速560km
航続距離：1,900km
実用上昇限度：10,000m
武装：12.7mm×2(胴体)，20mm×2(翼内)
乗員：1名

三式戦闘機「飛燕」
川崎航空機の三式戦闘機「飛燕」の三面図。非常にすっきりした，空気力学的に洗練された機体である。

飛行した。試作機は3機，増加試作機は9機生産された。

三式戦闘機は，ドイツのメッサーシュミットBf109戦闘機とよく似ていたため，連合軍は当初，キ61はBf109をライセンス生産した機体か，あるいはイタリアの戦闘機を改修した機体と報告していた。三式戦闘機の初期型は，翼内に7.7mm機関銃2挺，機首に12.7mm機関砲を2挺搭載したため，実戦配備されたばかりの一式戦闘機一型よりも火力は勝っていた。キ61は日本の戦闘機の中で，最初に防漏燃料タンクを採用し，パイロットの防弾措置がとられた戦闘機であった。高アスペクト比の主翼を採用したため，機動性が増し，航続性能が向上した。

三式戦闘機は，基本審査と実用審査で総合成績「優秀」と判定され，1943年6月に三式戦闘機一型として制式に採用された。三式戦闘機の通称は「飛燕」，連合軍のコードネームは“トニー”である。量産型の一型甲は，すでに1942年8月から生産が始まっていた。

三式戦闘機は1943年4月にニューギニアに展開し，連合軍の戦闘機とわたり合って対等に戦っている。三式戦闘機は実戦に参加してただちに，一式戦闘機より武装，防御能力，急降下速度で優れていることがわかった。大きな欠点は，信頼性に問題があった液冷エンジンであり，特に“高温で標高の高い”滑走路をタキシング中は安定しなかった。しかし，三式戦闘機は量産され，太平洋の主要な戦場に展開して戦った。

武装の種類

最初の量産型の三式戦闘機一型甲は，翼内に7.7mm機関銃2挺，機首に12.7mm機関砲を2挺搭載していたが，次の量産型の一型乙は，機首，

飛行部隊への配備

三式戦闘機は，1943年2月にパイロットの機種転換と飛行訓練を行う独立飛行第23中隊に配備された。三式戦闘機が最初に配備された実戦部隊は，飛行第68戦隊と飛行第78戦隊であり，ニューギニアで戦闘に参加した。当初は液冷エンジンの性能が安定せず，整備員も不慣れであったため，稼働率が低かった。飛行第17戦隊，飛行第18戦隊，飛行第19戦隊は，フィリピン戦に参加している。飛行第19戦隊，飛行第37戦隊，飛行第59戦隊，飛行第105戦隊は，前記の独立飛行第23中隊とともに，台湾と沖縄の戦いに参加した。日本本土の防衛には，飛行第18戦隊，飛行第23戦隊，飛行第28戦隊，飛行第55戦隊，飛行第56戦隊，飛行第59戦隊，そして飛行第244戦隊が参加した。

三式戦闘機一型乙「飛燕」
1945年8月，芦屋陸軍飛行場に展開した飛行第59戦隊第3中隊の三式戦闘機一型乙「飛燕」。後部胴体部と垂直尾翼を交換したため，尾翼の部隊章は飛行第22戦隊と明野陸軍飛行学校の混合型となっている。

三式戦闘機一型乙「飛燕」
機体は，1945年に調布と成増に配備された小林照彦（こばやしてるひこ）少佐が指揮する飛行第244戦隊の第1中隊所属の三式戦闘機一型乙「飛燕」。第1中隊長は生野文介（しょうのふみすけ）大尉。

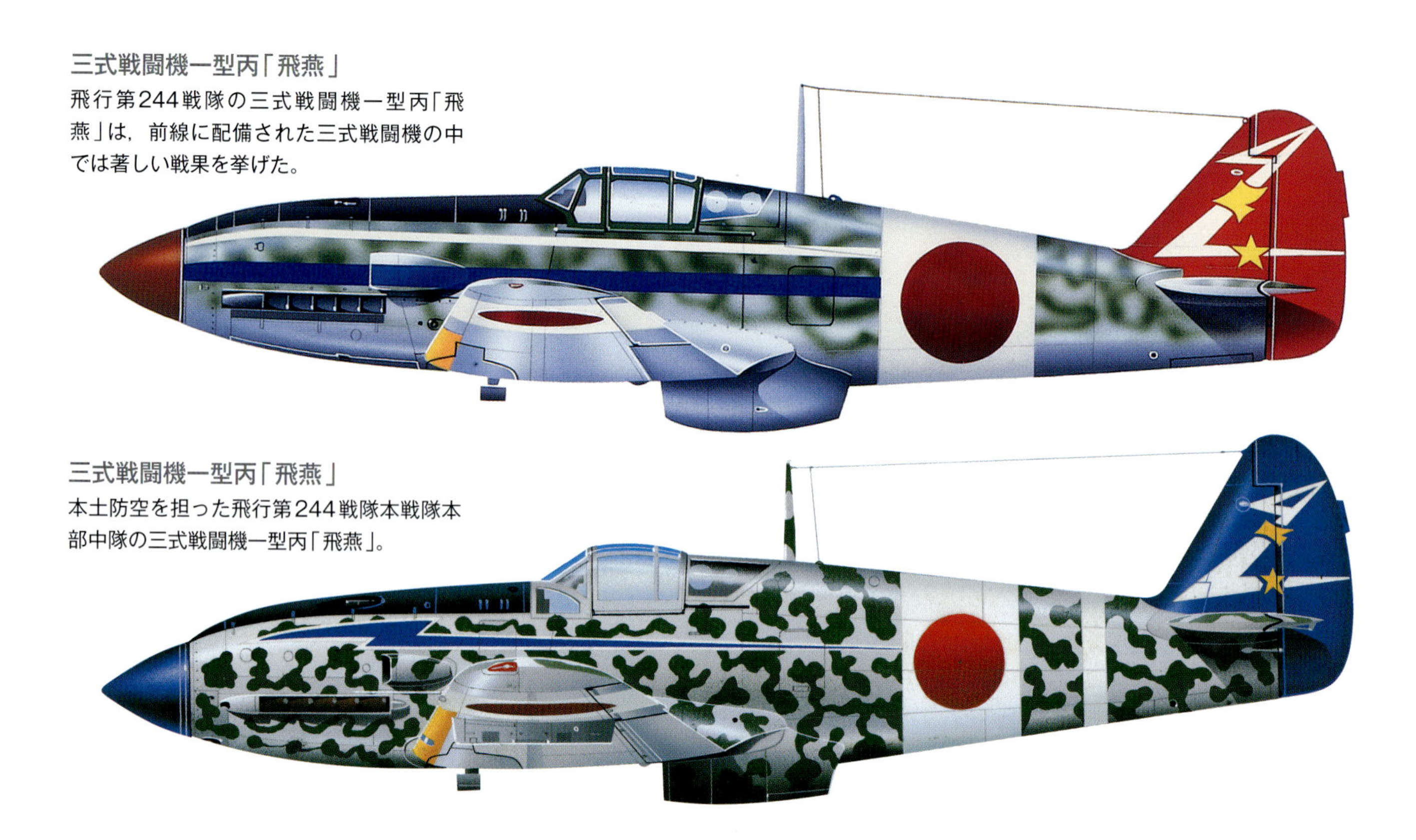

三式戦闘機一型丙「飛燕」
飛行第244戦隊の三式戦闘機一型丙「飛燕」は，前線に配備された三式戦闘機の中では著しい戦果を挙げた。

三式戦闘機一型丙「飛燕」
本土防空を担った飛行第244戦隊本戦隊本部中隊の三式戦闘機一型丙「飛燕」。

翼内にともに12.7mm機関砲を各2挺ずつとなった。

一型甲と一型乙を実戦に投入した結果，火力不足が判明したため，翼内の機関砲をドイツのマウザー社製の20mm機関砲に換装したのが，三式戦闘機一型丙である。

維持整備を容易にするため，武装を変更したのが三式戦闘機一型丁であり，翼内に12.7mm機関砲2挺，機首に日本製の20mm機関砲2挺を搭載し，増槽架で爆弾を携行することが可能となった。

一型丙は，戦場での整備性を改善するため，機体の構造を簡素化し，機体の強度を強化した。また，主翼を強化したことにより，急降下速度が改善された。さらに，尾輪が格納式から固定式に変更された。

一型丙は1944年1月から生産に入り，生産ラインにあった二つの形態の三式戦闘機に取って代わった。一型丙として知られる新型機は，1944年6月まで月産約60機が生産された。

最後に，少数だが，武装を強化するため，試験的に一型丁の翼内に日本製の30mm機関砲を2挺，翼内に12.7mm機関銃2挺の搭載型が生産された。

三式戦闘機二型シリーズ

川崎航空機が三式戦闘機一型の性能向上型として開発したのが二型であり，1943年12月に初飛行した。二型は試作機3機と増加試作機5機が作られたが，その任務は，新型で馬力が大きくなった川崎航空機の液冷エンジン「ハ140」の性能と，面積を増やした主翼を試験することであった。もう一つの改良点が，パイロットの視界を改良するため，コクピットの風防を改良したことである。しかし「ハ140」は，生みの苦しみを味わって不調であり，改修した主翼も思った通りの性能を発揮しなかった。そのため，胴体を大改修して，新たに二型の胴体に一型丁の主翼を取り付け，尾翼の面積を増やして「ハ140」を搭載した改修1号機を作った。そして30機の増加試作機を作り，三式戦闘機二型として完成した。

三式戦闘機二型の量産は，1944年9月に始まったが，この新型機の武装には二つのタイプがあった。三式戦闘機二型甲の機首に20mm機関砲2挺，翼内に12.7m機関砲2挺を装備したタイプと，20mm機関砲4挺を装備したタイプである。

エンジントラブル

比較的少数であった三式戦闘機の“第二世代機”である二型が部隊に配備されると，上昇性能と高空性能が優れていたため，日本に侵攻するアメリカ陸軍航空軍のB-29爆撃機に有効に対抗できる機種の一つとなった。試験飛行では，6分で高度5,000mへ上昇した。しかし，「ハ140」は故障が続出し，また，工場での生産ははかどらず，事態は悪化する一方であった。「ハ140」を搭載した三式戦闘機二型は，三式戦闘機一型に取って代わることはできなかった。

1945年1月，「ハ140」を生産している兵庫県明石にある川崎航空機明石工場がB-29による爆撃を受けたため，二型の生産は停止した。

三式戦闘機の"第三世代機"である三式戦闘機三型は，1機計画された。それは，空冷エンジンへの換装を計画していた川崎キ100（52～53ページで説明）へ設計変更する前に完成した，空力特性を計測する試作機であった。

こうして三式戦闘機の生産は終了したが，この間，3,078機が生産された。その中で量産されたのは，三式戦闘機一型乙と三式戦闘機一型丁であった。三式戦闘機二型は374機生産されたが，そのうちの275機は，最終的に五式戦闘機として完成した。

部隊配備

三式戦闘機は，ラバウルとニューギニアで連合軍とわたり合ったが，同様に，フィリピン，台湾，そして沖縄でも航空戦に参加した。戦争が終結に向かう中，三式戦闘機は，脅威が高まって来た日本本土の防空任務についた。それは首都防空であった。三式戦闘機は，硫黄島から出撃するP-51マスタング戦闘機が出現するまで，日本の空で優勢を保っていた。

三式戦闘機一型丙「飛燕」

当初，飛行第53戦隊に配属され，のちに飛行第55戦隊第1中隊に再配備された三式戦闘機一型丙「飛燕」。部隊章は，飛行第53戦隊の部隊章に上塗りしている。

三式戦闘機一型丙「飛燕」

沖縄の読谷飛行場に展開していた独立飛行第23中隊の三式戦闘機一型丙「飛燕」。1945年4月。

三式戦闘機一型丙「飛燕」

急遽，緑色の"斑点"の迷彩塗装を施した，飛行第19戦隊第3中隊の三式戦闘機一型丙「飛燕」。フィリピン，台湾，そして沖縄で戦った。

局地戦闘機「雷電(らいでん)」

（三菱重工業，J2M，“ジャック”）

日本海軍の高性能局地戦闘機「雷電」は，格闘性能より速度と上昇力を重視して設計された機体であり，日本本土の防空に大きく貢献した。

1938年，日本海軍は単座局地戦闘機の計画要求書を提出し，三菱重工業に十四試局地戦闘機3機の試作製作を命じた。試作1号機は，1942年3月に初飛行した。

機体は片持ち低翼の単葉機で，尾輪は引き込み式である。日本海軍は，十四試局地戦闘機には完成していない技術の採用を望まなかったが，それまでの技術を取り込んだ未来志向的な戦闘機を要望していた。結局，将来の空中戦での問題を解決するのは，エンジンの性能がすべてなのであった。

こうして，十四試局地戦闘機に選ばれたエンジンは，当時としては出力が最大の1,430馬力の三菱重工業製「火星13」であった。このエンジンは直径が大きかったため，エンジンと減速ギヤのシャフトを拡張してノーズナセルに連接した。

「火星13」を搭載した十四試局地戦闘機は，初期試験を受けたが，最大速度と上昇力は海軍の要求を満たさなかった。その結果，エンジンを出力1,820馬力の三菱重工業製「火星23甲」に換装し，排気管を推力式単排気管に変更した十四試局地戦闘機改が製造された。

十四試局地戦闘機改は1942年10月に完成したが，電動機構の不調のため，審査は難航した。そのため，制式採用を待たずに1943年9月から海軍への引き渡しが始まった。そして，ようやく1944年10月に局地戦闘機「雷電」一一型として制式に採用され，量産が命ぜられた。

「雷電」二一型は，武装を翼内20mm機関砲4挺に強化し，胴体燃料タンクを自動防漏式に変更した量産型である。「雷電」三二型は，排気タービン付き過給機エンジンを搭載した高高度戦闘機であり，試作機が2機生産された。「雷電」三三型は，エンジンを出力1,820馬力の三菱重工業「火星26」に換装した型である。「雷電」三一型は，視界を改善した型である。すべての「雷電」の生産数は，476機である。

局地戦闘機「雷電」二一型（J2M3）

最大離陸重量：3,945kg
諸元：全長9.95m，全幅10.82m，全高3.95m
エンジン：離昇出力1,820馬力，三菱空冷星型「火星23甲」×1
速度：高度5,900mで時速595km
航続距離：1,055km
実用上昇限度：11,700m
武装：20mm×4（翼内），爆弾：60kg×2
乗員：1名

「雷電」の戦闘

「雷電」は初飛行後の不具合の解決に手間取り，生産が開始されて6か月後の1943年3月に，ようやく14機が部隊に配備された。生産型である「雷電」一一型が最初に配備されたのは，愛知県豊橋にある第381海軍航空隊であった。その頃にはすでに，改良された「雷電」二一型が生産に入っており，フィリピンの戦闘に投入された。連合軍は「雷電」に“ジャック”というコードネームをつけている。その後，大量の「雷電」が日本本土の防空戦に参加し，侵攻するアメリカ陸軍航空軍の爆撃機を迎え撃つ迎撃機として活躍した。

局地戦闘機「雷電」二一型
日本防衛に就いた第302海軍航空隊所属の局地戦闘機「雷電」二一型。1945年。

局地戦闘機「紫電(しでん)」
（川西航空機，N1K-J，“ジョージ”）

水上戦闘機「強風(きょうふう)」から発展した局地戦闘機「紫電」は，シリーズすべての型は合計で1,435機生産された。しかし，「紫電」は新型エンジンを搭載していたため，局地戦闘機として部隊に配備されて以降も，ずっと機体とエンジンの不調に悩まされた。

局地戦闘機「紫電」二一型（紫電改）
第343海軍航空隊に所属していた後期生産型の局地戦闘機「紫電」二一型（紫電改）。1945年。

1942年，川西航空機は水上戦闘機「強風」をN1K1-Jへ改修しようと計画していた。海軍は，この計画を採用し，1942年1月に正式に試作を命じた。

川西航空機は，N1K1-Jに水上戦闘機「強風」の機体を流用したが，エンジンは出力1,820馬力の中島飛行機「誉(ほまれ)11」を採用した。このエンジンにしたことで，機体の改修が複雑化するとともに，中翼の機体に大口径プロペラを採用したことで，主脚は二段引き込み式となった。

N1K1-Jは，1942年12月に初飛行が行われ，優れた性能と機動性を有することがわかった。1943年8月，N1K1-Jは局地戦闘機「紫電」一一型として制式に採用された。1944年初頭，「紫電」一一型が飛行部隊に配備された。

「紫電」一一型には，いくつかの改良型がある。「紫電」一一甲型は，翼下のポッドに20mm機関砲2挺，翼内に20mm機関砲2挺を装備した型である。「紫電」一一乙型は，翼内に20mm機関砲を4挺搭載し，翼下に250kg爆弾を搭載した型である。「紫電」一一丙型は，翼下の搭載量を増加し，60kg爆弾4発か250kg爆弾を2発搭載可能とした型である。

機体改修

「紫電」一一型が中継ぎ戦闘機の運命にある間，「紫電」一一乙型を基礎とし，中翼を低翼に再設計し，胴体を延長して尾翼の面積を増大させ，量産性を高めたN1K2-Jが完成した。N1K2-Jは1943年12月に初飛行し，高性能を発揮したため，1944年1月に局地戦闘機「紫電」二一型，通称「紫電改」として制式に採用された。

「紫電」二一型には，いくつかの改良型がある。「紫電」二一甲型は，爆装能力を60kg爆弾4発または250kg爆弾2発に向上させた型である。「紫電」三一型は，機首に13mm機関砲2挺を追加し，燃料タンクを内袋式防弾タンクにした型である。試製「紫電改」二は，着艦フックを取り付け，尾部を補強した艦上戦闘機型である。試製「紫電改」三は，エンジンを「誉23」に換装した型である。試製「紫電改」四は，試製「紫電改」三に着艦フックを追加して艦上戦闘機とした型である。試製「紫電改」五は，エンジンを「ハ43-11」に換装した型である。

局地戦闘機「紫電」二一型（紫電改，N1K2-J）
最大離陸重量：4,860kg
諸元：全長9.35m，全幅12.00m，全高3.96m
エンジン：離昇出力1,820馬力，中島空冷星型「誉21」×1
速度：高度5,600mで時速595km
航続距離：2,335km
実用上昇限度：10,760m
武装：20mm×4（翼内），爆弾：60kg×4，250kg×2
乗員：1名

四式戦闘機「疾風(はやて)」
(中島飛行機,キ84,“フランク”)

陸軍の四式戦闘機キ84は，第二次世界大戦中に量産され，主要な戦線の飛行部隊に配備された最良の戦闘機である。四式戦闘機は，速度，武装，防弾能力，航続距離，運動性，操縦性がバランス良くまとまっており，設計段階での生産性も考慮された機体である。日本が防勢になった1944年からは，優先的に生産された。

「疾風」の名で知られるキ84の試作が正式に指示されたのは，1942年4月であり，中島飛行機は，当時すでに「隼」に代わる新型の局地戦闘機と戦闘爆撃機の設計を開始していた。1943年3月に2機が完成し，3月末に試験飛行が行われた。審査の結果は良好であり，中島飛行機は最初の試作機83機の生産と42機の追加試作機の生産を命ぜられた。

キ84の最高速度は運用要求を下回ったものの，パイロットはすぐに，四式戦闘機の飛行性能と防御性能が高い水準にあることに気づいた。

生産の開始

1944年3月，キ84は四式戦闘機一型甲「疾風」として制式に採用され，量産が命ぜられた。量産型の武装は，機首に12.7mm機関砲2挺，翼内に20mm機関砲2挺であった。機体は，従来からある低翼単葉機で，尾部に特徴があり，水平尾翼が尾部より前方に設定されていた。

武装強化型が四式戦闘機一型乙であり，機首と翼内に20mm機関砲を

四式戦闘機一型甲「疾風」(キ84-I甲)

最大離陸重量：3,890kg
諸元：全長9.92m，全幅11.24m，全高3.39m
エンジン：離昇出力1,900馬力，中島空冷星型「ハ45-21」×1
速度：高度6,120mで時速631km
航続距離：2,168km
実用上昇限度：10,500m
武装：12.7mm×2(胴体)，20mm×2(翼内)，爆弾：30kg～250kg×2，タ弾×2
乗員：1名

四式戦闘機一型甲「疾風」
1945年8月，台湾に展開していた飛行第29戦隊所属の四式戦闘機一型甲「疾風」，連合軍コードネームは“フランク”。尾翼の青色の部隊章は，本部中隊所属機を示す。

四式戦闘機一型乙「疾風」
1944年末に編成され，九州から沖縄方面の作戦に投入された飛行第102戦隊の四式戦闘機一型乙「疾風」。

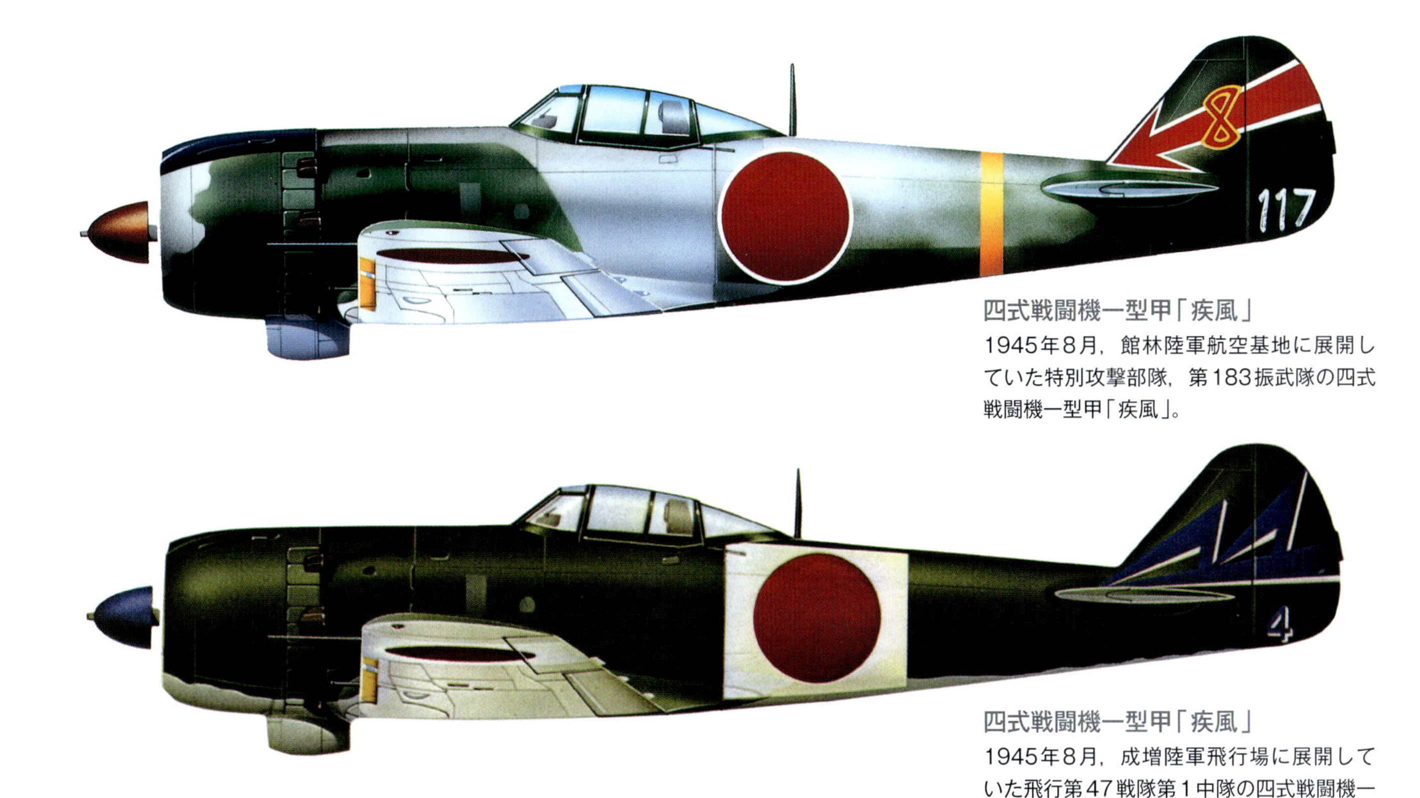

四式戦闘機一型甲「疾風」
1945年8月，館林陸軍航空基地に展開していた特別攻撃部隊，第183振武隊の四式戦闘機一型甲「疾風」。

四式戦闘機一型甲「疾風」
1945年8月，成増陸軍飛行場に展開していた飛行第47戦隊第1中隊の四式戦闘機一型甲「疾風」。

各2挺，計4挺を装備していた。

さらに武装を強化した型が四式戦闘機一型丙であり，機首に20mm機関砲2挺，翼内に30mm機関砲2挺を搭載した。一型丙に装備された機関砲は，侵攻する爆撃機に後方から接敵して撃破するために装備されたものであった。部隊では，二型に一型甲や一型乙と同様の機関砲を搭載するよう要望していた。

四式戦闘機の性能を向上させるため，当初，装備された中島飛行機の「ハ45-21」エンジンを「ハ45-23」エンジンに換装することを計画していた。「ハ45-23」は燃料圧の喪失が少なく，低圧燃料噴射システムを取り入れていた。しかし，エンジンを生産する中島飛行機の武蔵製作所がアメリカ陸軍航空軍爆撃機の爆撃を受けて，生産施設が被害を受けたため，生産は低下した。その後，エンジンの生産施設を新工場に移設したが，「ハ45-23」の生産は元に戻らなかった。

太平洋戦争の戦況は，ますます日本に不利になっていったため，不足した部品の代わりに一般資材を充当した。その結果，キ84-Ⅱのように，機体の一部を木製化するよう計画された機体もあった。

四式戦闘機のさらなる改修型に，高高度の飛行性能を高めるために排気タービン付き過給機エンジンを装備したキ84-Ⅲがあるが，複座の練習戦闘機型と同様に設計段階で終わった。

生産数

四式戦闘機，通称「疾風」は1944年夏以降，日本陸軍の最前線の飛行部隊に配備された。終戦を迎えて生産ラインは終了したが，合計で3,514機生産された。日本陸軍は，アメリカ軍の爆撃から工場を防護するために，中島飛行機の工場施設の一部を地下へ移設し，月産200機を生産しようと計画していた。

これらの生産機の中には，1945年に生産された3機のキ106が含まれていた。キ106は機体の大部分を木製化した機体であり，立川飛行機で製作された。立川飛行機は，軽量化を目指してキ106の試作機を完成させ，初飛行に成功したが，間もなく終戦を迎えた。また，総生産数には，満洲飛行機製造で生産された転換生産型のキ116も含まれていた。キ116は，一型甲に軽量の出力1,500馬力の三菱重工業「ハ33」エンジンを搭載した型である。キ116の試験飛行は成功したが，生産が始まる前に終戦を迎えた。

四式戦闘機は，フィリピン，沖縄諸島，そして最後の本土防空戦に参加し，連合国空軍の侵攻に対抗した。

速度と運動性に優れた四式戦闘機の性能は，太平洋戦争で遭遇した連合軍の戦闘機を凌駕したが，設備の劣った工場で生産されたため，安定

四式戦闘機一型甲「疾風」
1944年8月，第58振武隊に装備された四式戦闘機一型甲「疾風」。

した性能を発揮することができず，また，全体的に稼働率が低かった。

最期

四式戦闘機は，アメリカ陸軍航空軍のB-29による対日爆撃に対抗するため，迎撃戦闘機として本土防空の任務についた。結果として，四式戦闘機は，沖縄と本土防空の最後の戦闘で最も活躍した迎撃戦闘機と評価された。高性能が認められた一例がある。戦後，連合軍に捕獲された四式戦闘機がアメリカ軍の飛行試験を受けて，優れた能力を発揮し，アメリカ軍のP-47Dサンダーボルト戦闘機とP-51マスタング戦闘機両機の性能を上回っていると評価されている。

五式戦闘機

（川崎航空機，キ100）

性能が安定せず，整備が困難な液冷エンジンが供給不足に陥り，機体が余っていた三式戦闘機二型に空冷エンジンを搭載したキ100は，急な設計変更であったにもかかわらず，高性能を発揮した。太平洋戦争で使用した日本陸軍の戦闘機の中では，高性能戦闘機の一つと評価され，ただちに生産が始まった。

三式戦闘機二型は，1944年6月から始まったアメリカ陸軍航空軍のB-29による対日爆撃に対抗する，高高度戦闘機として開発された。しかし，三式戦闘機二型用の液冷エンジン「ハ140」を生産していた川崎航空機の明石工場が，B-29の爆撃で被害を受けたため，エンジンの生産は1945年1月に中止になった。三式戦闘機二型は，合計で374機生産されたが，そのうちの275機は，エンジンを搭載していない“首無し”の機体であった。

川崎航空機では，明石工場が爆撃を受けて液冷エンジンの生産が困難になる前に，不調であった三式戦闘機二型のエンジンを空冷エンジンに換装して，飛行部隊で使用することを決めていた。当時，三式戦闘機二型の機体に適合できる空冷エンジンは，「ハ140」と同等の出力の三菱重工業の「ハ112-Ⅱ」であったが，エンジンの直径が大きかったため，機体を再設計しなければならなかっ

五式戦闘機一型甲／乙
（キ100-Ⅰ甲／乙）
最大離陸重量：3,670kg
諸元：全長8.80m，全幅12.00m，
全高3.75m
エンジン：離昇出力1,500馬力，三菱
空冷星型「ハ112-Ⅱ」×1
速度：高度10,000mで時速590km
航続距離：2,000km
実用上昇限度：10,670m
武装：12.7mm×2（翼内），20mm
×2（胴体），爆弾：250kg×2
乗員：1名

五式戦闘機一型甲
1945年春，柏陸軍飛行場に展開した飛行第18戦隊第3中隊所属の五式戦闘機一型甲。1945年3月に初めて配備された。

五式戦闘機一型甲
飛行第59戦隊第3中隊の五式戦闘機一型甲。各中隊のカラーは，第1中隊が青，第2中隊が赤，第3中隊が黄である。

た。川崎航空機は，液冷エンジンの機体を空冷エンジンに適合させるため，ドイツから輸入したフォッケウルフFw190戦闘機を参考にした。そして，愛知航空機の艦上爆撃機「彗星（すいせい）」で同じ液冷エンジンを空冷エンジンに換装した経験のある海軍からアドバイスを受けた。

エンジンを交換した試作機は1945年2月に初飛行し，キ100と命名された。キ100は迎撃戦闘機として優れた能力を発揮し，太平洋戦争で活躍した戦闘機の中で最優秀と評価された。キ100は三式戦闘機より軽量であっただけでなく，低翼と高出力エンジンにより優れた空戦能力を発揮し，信頼性も高かった。

生産開始

キ100の試作機は3機製作され，無事審査に合格したため，日本陸軍は五式戦闘機一型甲として制式に採用し，ただちに“首無し”で残置されていた275機に「ハ112-Ⅱ」エンジンの搭載と機体の改修を命じた。

陸軍は川崎航空機に，現存する機体の再利用だけでなく，再設計した五式戦闘機一型乙の生産も命じた。新たに製作された一型乙は，三式戦闘機三型の機体を使用したものであり，一型甲と比べれば，後部胴体が短くなり，涙滴型キャノピーを採用していた。

川崎航空機は，アメリカ陸軍航空軍の激しい空襲によって工場の生産整備が破壊されるまで，合計99機の五式戦闘機一型乙を完成させた。これらの機体のうち，日本が降伏するまでに飛行部隊に配備されたのは，たった12機であった。

五式戦闘機一型乙
飛行第59戦隊第3中隊所属の全体を黒色に塗装した珍しい五式戦闘機で，風防を改修した一型乙である。

第3章
空母艦載機

1941年12月に太平洋戦争が始まり，日本海軍は，世界の海軍に先駆けて機動部隊を大規模に運用した。しかし，1942年6月のミッドウェー海戦で大型空母4隻を失うという大敗を喫して以降，開戦から活躍してきた機動部隊の“第一世代機”ともいうべき愛知航空機の九九式艦上爆撃機，三菱重工業の零式艦上戦闘機，中島飛行機の九七式艦上攻撃機の後継機の開発に苦悩することになる。この章では，次の空母艦載機を紹介する。

・九四式艦上爆撃機（愛知航空機, D1A, “スージー”）

・九六式艦上戦闘機（三菱重工業, A5M, “クロード”）

・九七式艦上攻撃機（中島飛行機, B5N, “ケイト”）

・九九式艦上爆撃機（愛知航空機, D3A, “ヴァル”）

・零式艦上戦闘機「零戦（れいせん）」
（三菱重工業, A6M, “ジーク”）

・艦上爆撃機「彗星（すいせい）」
（海軍航空技術廠, D4Y,“ジュディ”）

・艦上攻撃機「天山（てんざん）」（中島飛行機, B6N, “ジル”）

・艦上攻撃機「流星（りゅうせい）」（愛知航空機, B7A, “グレース”）

1941年に配備されて以来，卓越した空戦性能で勇名をはせた三菱重工業の零式艦上戦闘機「零戦」は，太平洋戦争の始まりから終わりまで，日本海軍の主力戦闘機として活躍した。

九四式艦上爆撃機
（愛知航空機，D1A，“スージー”）

九四式艦上爆撃機は，技術提携していたドイツのハインケル社のHe66急降下爆撃機のデザインを取り入れた，複座，複葉の急降下爆撃機であり，1930年代に艦載機として活躍した。しかし，第二次世界大戦が始まる前に第一線から退き，その後は練習機として使用された。

1933年に新型艦上爆撃機の試作が指示されたが，急降下爆撃機の経験がまったくなかった愛知航空機は，He50の唯一の輸出型であるHe66を購入して海軍の仕様に合わせて再設計し，八試特殊爆撃機を完成させた。

八試特殊爆撃機はオリジナルのHe66と異なり，エンジンを中島飛行機「寿（ことぶき）2改1」を採用し，後部座席はパイロットのすぐ後ろに取り付けた。また，空母に着艦するため，胴体の下部構造の強度を強化した。その他の改修は，八試特殊爆撃機の試験中に行われた。1934年12月，愛知航空機は，ライバルであった中島飛行機と航空技術廠の試作機との競争に勝ち，海軍初の艦上急降下爆撃機として採用された。

生産の開始

新型機の社内名は「AB-9」である。正式名称は，当初は九四式艦上軽爆撃機であったが，のちに九四式艦上爆撃機に改称された。

武装は，前方用に7.7mm固定機関銃2挺，後上方用に7.7mm旋回機関銃1挺を装備した。爆弾は，翼下に30kg爆弾2発，胴体下に250kg爆弾1発を懸架した。1937年に始まった日中戦争では，飛行場や艦艇の精密爆撃に真価を発揮したが，太平洋戦争の開戦以降は，次第に第一線から退いていった。

1935年から九四式艦上爆撃機の改良が始まり，エンジンをより馬力のある中島飛行機の「光（ひかり）1」エンジンに換装し，さらに干渉抵抗を減らすため，風防，座席回り，支柱を再設計した。こうして完成した九六式艦上爆撃機は，日中戦争では要地爆撃や陸戦支援に活躍した。

1941年12月以降は，九六式艦上爆撃機61機が支援任務に就いた。九六式艦上爆撃機の連合軍コードネームは，九四式艦上爆撃機と同じ“スージー”である。

愛知航空機は，He66を基礎として製作した試作機1機に加え，艦上爆撃機を合計590機製作したが，そのうち，改修型の九六式艦上爆撃機は428機であった。

九六式艦上爆撃機（D1A2）
最大離陸重量：2,610kg
諸元：全長9.30m，全幅11.40m，全高3.41m
エンジン：離昇出力730馬力，中島空冷星型「光1」×1
速度：高度3,200mで時速310km
航続距離：930km
実用上昇限度：7,000m
武装：7.7mm×2（前方），7.7mm×1（後上方），爆弾：30kg×2，250kg×1
乗員：2名

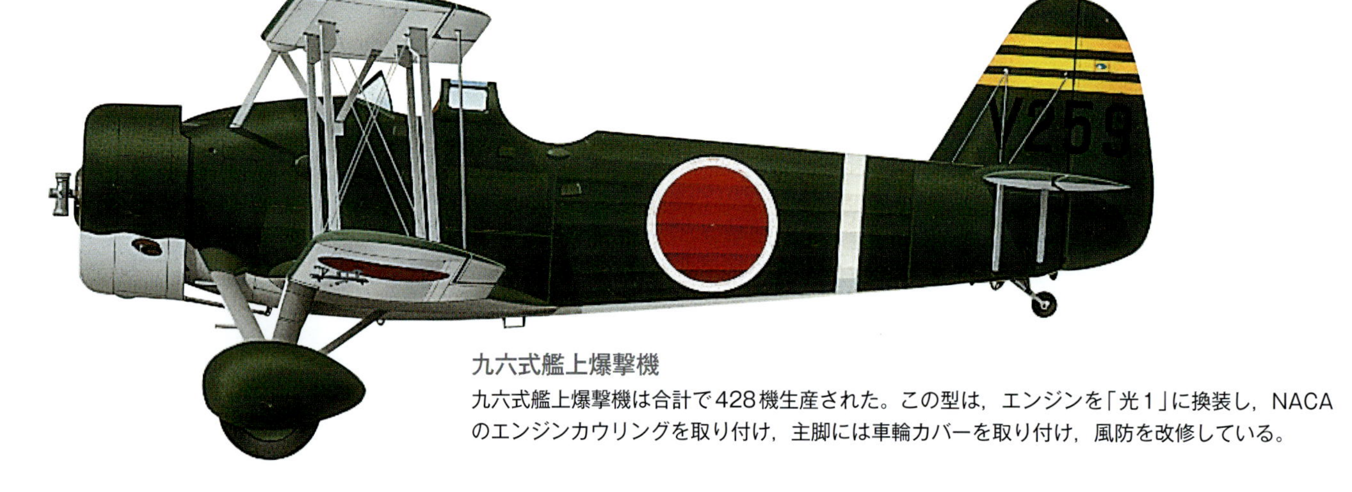

九六式艦上爆撃機
九六式艦上爆撃機は合計で428機生産された。この型は，エンジンを「光1」に換装し，NACAのエンジンカウリングを取り付け，主脚には車輪カバーを取り付け，風防を改修している。

九六式艦上戦闘機
（三菱重工業, A5M, “クロード”）

1937年初めに九六式艦上戦闘機が戦場に出現して以降，特に日中戦争航空戦では，その歴史的評価が定まったため，日本海軍は九六式艦上戦闘機という世界一流の艦上戦闘機を作ったことで，近代的な海軍として認められた。

1932年，「航空技術自立計画」に基づき，航空機と航空装備の国産化を目指していた日本海軍は，三菱重工業と中島飛行機に七試艦上戦闘機の試作指示を出した。三菱重工業のデザインは，そのうちの一つである。結局，三菱重工業と中島飛行機は，七試艦上戦闘機の審査ではともに不合格となったが，中島飛行機は独自に戦闘機を開発し，九五式艦上戦闘機として海軍に採用された。しかし，九五式艦上戦闘機は，1934年に海軍が試作を命じた高性能の九試艦上戦闘機が完成するまでの“つなぎの機種”とみられていた。

予想を上回る高性能

三菱重工業の単座戦闘機の試作機の社内名は「カ14」であり，これは海軍の九試艦上戦闘機の試作要求に応じたもので，1935年2月に初飛行した。「カ14」には空気力学的な問題があったものの，試験飛行では時速451kmという印象深い速度を出した。「カ14」の試作2号機は，主翼を逆ガル翼から水平翼に変更した。増加試作機は4機生産され，三菱重工業と中島飛行機のエンジンを搭載して試験した後，九六式一号艦上戦闘機として制式に採用された。量産機はエンジンを，出力460馬力の中島飛行機製空冷9気筒「寿2改

九六式一号艦上戦闘機
（A5M1）
全備重量：1,500kg
諸元：全長7.71m，全幅11.0m，
全高3.20m
エンジン：離昇出力585馬力，中島空冷星型「寿2改1」×1
速度：高度2,100mで時速406km
航続距離：不明
実用上昇限度：不明
武装：7.7mm×2（胴体）
乗員：1名

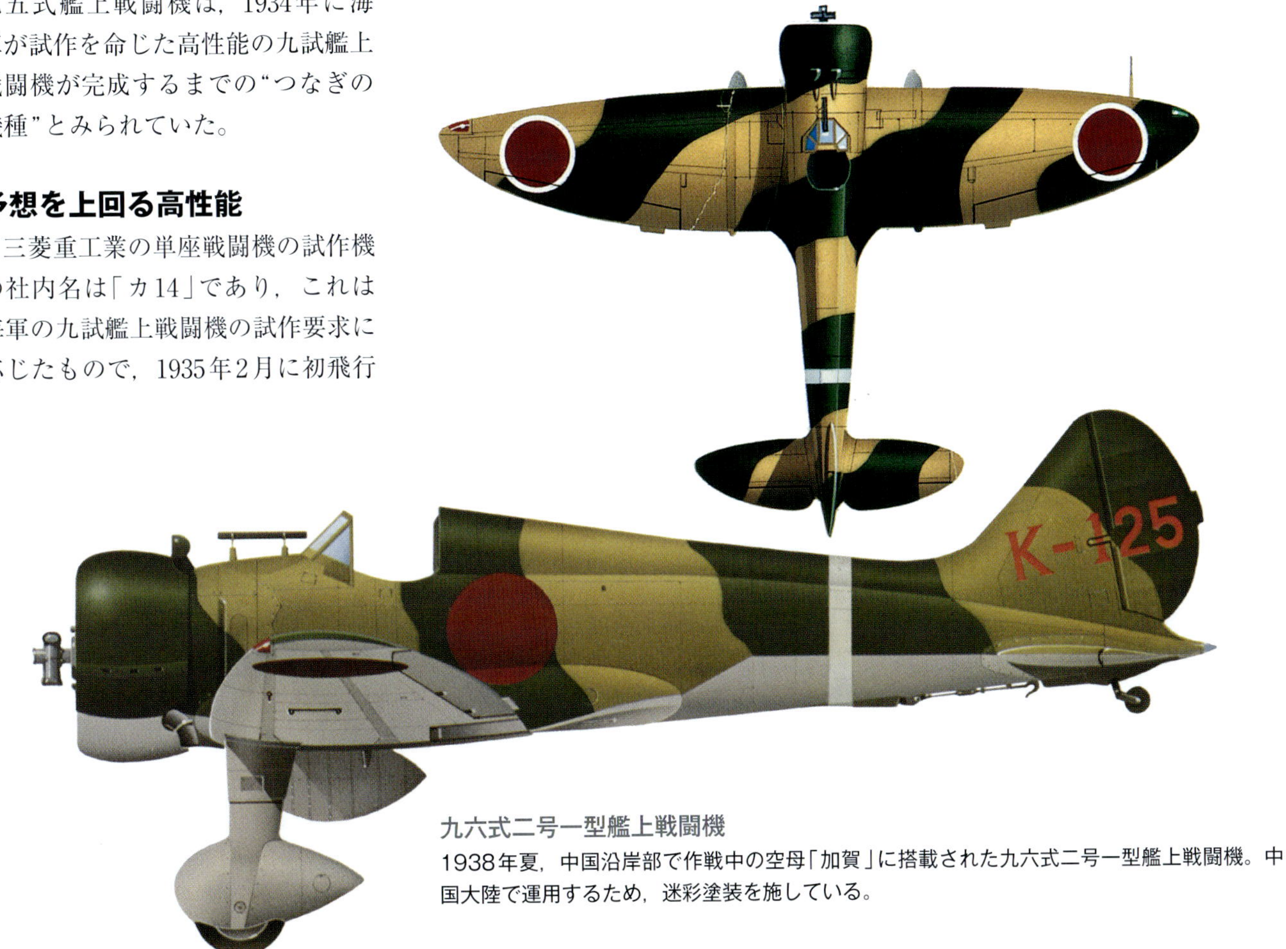

九六式二号一型艦上戦闘機
1938年夏，中国沿岸部で作戦中の空母「加賀」に搭載された九六式二号一型艦上戦闘機。中国大陸で運用するため，迷彩塗装を施している。

九六式四号艦上戦闘機（訓練機）
アメリカ陸軍航空軍が日本本土を爆撃し始めた後，霞ヶ浦海軍航空隊所属の九六式四号艦上戦闘機のように，オレンジ色の機体が暗緑色に塗り替えられた。

九六式四号艦上戦闘機
空母に搭載された九六式四号艦上戦闘機の基本塗装であり，カウリングは黒色で，尾翼は赤である。尾翼の「W」は，空母「蒼龍」の艦載機であることを示している。

1」に換装した。実質的に，九六式艦上戦闘機の原型は試作2号機であり，日本で初めて沈頭鋲を採用した機体であった。

試作2号機の高性能に注目した陸軍は，「キ18」として陸軍の仕様へ変更するよう指示した。しかし，陸軍は機動性の高い複葉の九五式戦闘機一型の採用を決めていた。この結果を踏まえ，三菱重工業は陸軍のために，「キ18」のコクピットを密閉式に変更し，エンジンを中島飛行機「ハ1甲」に換装した「キ33」を提案したが，最終的に，中島飛行機の九七式戦闘機に審査で敗れ，不採用となった。

一方，海軍は1937年7月に始まった日中戦争での実戦経験を踏まえ，九六式一号艦上戦闘機のエンジンを中島飛行機の「寿3」に換装し，プロペラを3翅に交換して，九六式二号一型艦上戦闘機を完成させた。

九六式艦上戦闘機の初期型は改良を続けて性能を向上させたため，中国大陸では航空優勢を獲得することができた。九六式二号二型は3翅プロペラに交換し，密閉式風防に改修したが，パイロットには人気がなく，もとの解放式風防に戻した。最終的に，これが九六式艦上戦闘機の外観の特徴となった

機関銃と戦闘機

九六式三号艦上戦闘機は，イスパノ・スイザ製の液冷12気筒エンジンと，プロペラと同調して射撃できる同社の20mm機関砲を装備した。その後，海軍は次の九六式四号艦上戦闘機からは，外国の製品に頼らないことにした。九六式四号艦上戦闘機は，前線から離れた基地から出撃して遠距離を飛翔し，中国空軍の戦

九六式四号艦上戦闘機
（A5M4）
全備重量：1,671kg
諸元：全長7.57m，全幅11.0m，
　　全高3.27m
エンジン：離昇出力710馬力，中島空
　　冷星型「寿41」×1
速度：高度3,000mで時速440km
航続距離：1,200km
実用上昇限度：9,800m
武装：7.7mm×2（胴体），
　　爆弾：30kg×2
乗員：1名

九六式四号艦上戦闘機
この九六式四号艦上戦闘機は，横山保大尉の乗機である。横山保大尉は，1939年11月，東シナ海の封鎖任務に参加した空母「蒼龍」飛行隊の編隊長である。

闘機と対戦するため航続性能を延伸していた。

九六式四号艦上戦闘機は，九六式二号二型艦上戦闘機後期型と同様に風防を解放式にし，エンジンを中島飛行機の「寿41」に換装した。当初，四号型として知られていた九六式四号艦上戦闘機は，日中戦争に参戦して大きな戦果を挙げている。最終的に，九六式四号艦上戦闘機は，三菱重工業名古屋工場，佐世保の第二十一海軍航空廠，九州飛行機で1940年まで生産され，シリーズの中で最も生産された機体となった。

最終生産型の九六式四号艦上戦闘機

1939年2月に制式採用された九六式四号艦上戦闘機は，実戦部隊に配備されて活躍した。そして，1941年12月，日本海軍は，真珠湾のアメリカ海軍基地に対する破壊的な奇襲攻撃を敢行した。その時点で，機体はすでに旧式化しており，その後は，有名な後継機の零式艦上戦闘機に後を譲り，急速に第一線部隊から退いていった。

九六式四号艦上戦闘機は，実戦部隊から退いたものの，一部の機体は複座の十五試練習用戦闘機へ改修された。十五試練習用戦闘機は，胴体構造を簡素化した，解放風防を持つタンデム型の複座機であり，教官用のヘッドレストは高く設定していた。十五試練習用戦闘機の開発は1940年に始まり，1942年12月に二式練習戦闘機として制式に採用された。しかし，太平洋戦争末期には，九六式四号艦上戦闘機とともに神風特別攻撃に参加した。

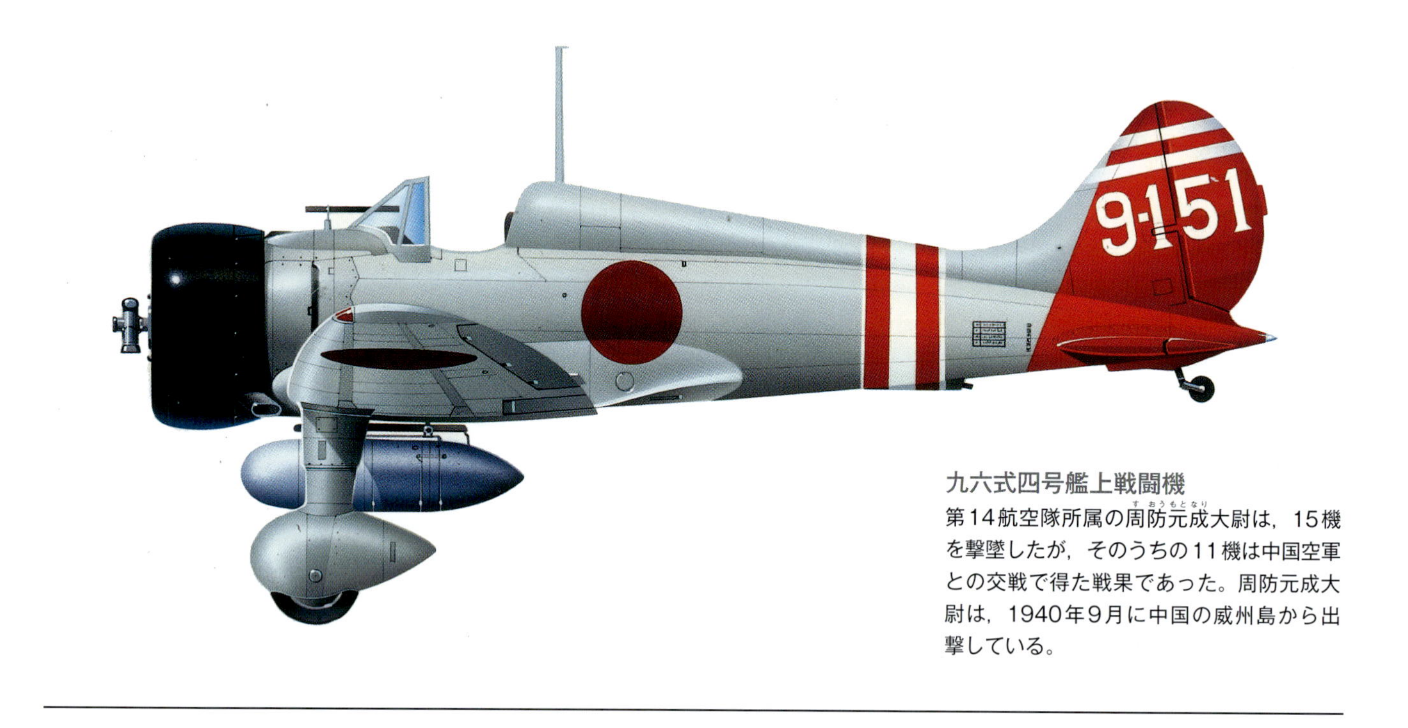

九六式四号艦上戦闘機
第14航空隊所属の周防元成大尉は，15機を撃墜したが，そのうちの11機は中国空軍との交戦で得た戦果であった。周防元成大尉は，1940年9月に中国の威州島から出撃している。

九七式艦上攻撃機

（中島飛行機，B5N，“ケイト”）

1941年12月，ハワイの真珠湾に停泊しているアメリカの艦隊に，“鉄槌を振り下ろす”役割を果たしたのが九七式艦上攻撃機である。九七式艦上攻撃機は，技術的には当時の最先端を行く斬新な機体であった。連合軍のコードネームは“ケイト”である。九七式艦上攻撃機は，1944年に後継機に取って代わられるまで，有効な戦力として部隊で重宝された。

1932年，海軍は新たな艦上攻撃機を製作するため，七試艦上攻撃機の開発を命じた。海軍は，三菱重工業と中島飛行機に試作を命じたが，並行して航空技術廠にも試作を命じた。審査の結果，航空技術廠の案が採用され，1933年に九二式艦上攻撃機として制式に採用された。生産は，主に愛知航空機で行われた。しかし，九二式艦上攻撃機は，九六式艦上攻撃機が完成するまでの“つなぎ”とみられていた。さらに，海軍は1935年に九六式艦上攻撃機の次の世代の，本格的な艦上攻撃機を開発することにし，十試艦上攻撃機の試作を命じた。中島飛行機の社内名「K型」は，その後，九七式艦上攻撃機の開発につながっていった。

「K」型試作機

中島飛行機が製作した「K型」試作一号は，1937年1月に初飛行した。試作一号は，スロッテッドフラップを採用したことで，飛行性能は海軍の要求を満たした。1937年11月，主翼の折り畳み機構を油圧式から手動式にした型が，九七式一号艦上攻撃機（のちに九七式艦上攻撃機一一型と改称）として制式に採用された。

その後，九七式艦上攻撃機一一型は，日中戦争では，陸上の基地から発進する航空作戦で大きな成果を挙げた。しかし，連合軍の高性能戦闘機と対峙すると，劣勢になり，能力の向上が必要であることが明らかになった。

次の改修は，エンジンを中島飛行機「光3」から，よりパワーのある中島飛行機製「栄11」に換装することであったが，出力が36％も増加したにもかかわらず，最高速度は変わらなかった。しかし，エンジンの信頼性は格段に向上し，洋上での長距離飛行時の不安が解消された。

エンジンを換装した九七式三号艦

上攻撃機（のちに九七式艦上攻撃機一二型と改称）は，太平洋戦争の開戦とともに，前線で作戦中であった九六式艦上攻撃機や九七式艦上攻撃機一一型に取って代わった。

九七式艦上攻撃機一二型は，アメリカ海軍の3隻の空母「レキシントン」，「ヨークタウン」，「ホーネット」の撃沈に貢献するという大きな成果を挙げた。しかし，1944年には性能不足が顕著となり，雷撃の任務は，後継の中島飛行機の艦上攻撃機「天山」に引き継がれた。

支援任務

九七式艦上攻撃機，連合軍コードネーム“ケイト”は空母から降ろされ，陸上基地から出撃したが，侵攻作戦では多くの犠牲を払ったため，残ったわずかな機体は後方に回されて支援任務に就いた。

支援任務として行われたのは，洋上偵察と対潜哨戒であり，この二つの任務では，優れた航続性能をいかんなく発揮した。潜水艦捜索用の磁気探知機を搭載した九七式艦上攻撃機は，日本の船団を攻撃してシーレーンを脅かすアメリカの潜水艦の哨戒に活躍した。

九七式三号艦上攻撃機（B5N2）
最大離陸重量：4,100kg
諸元：全長10.30m，全幅15.52m，
　全高3.70m
エンジン：離昇出力1,000馬力，中島
　空冷星型「栄11」×1
速度：最大で時速378km
航続距離：1,990km
実用上昇限度：8,260m
武装：7.7mm×1（後上方），魚雷：
　800kg×1，爆弾：60kg×6，
　250kg×2，500kg×1，
　800kg×1
乗員：3名

九七式三号艦上攻撃機
この機体は，第1航空艦隊第1航空戦隊所属の九七式三号艦上攻撃機で，1941年12月の真珠湾攻撃に参加した空母「赤城」の所属機である。

九七式三号艦上攻撃機
別の九七式三号艦上攻撃機で，1941年から1942年にかけて空母「赤城」に所属していた。

九九式艦上爆撃機

(愛知航空機,D3A,“ヴァル”)

時代遅れとも見える形状から，誤解を受けやすかった九九式艦上爆撃機がその真価を発揮するのは，艦艇に対する急降下爆撃であり，第二次世界大戦中の枢軸国のエア・パワーの中では，最も成功した傑作機ともいえる機体であった。しかし，航空技術廠が製作した艦上爆撃機「彗星」が実戦配備された後は，前線から後退し，支援任務に就いた。

九九式艦上爆撃機は，日本海軍が1936年5月に示した十一試艦上爆撃機の試作要求に応じて開発された機体であり，愛知航空機製の九六式艦上爆撃機の後継機に予定されていた。十一試艦上爆撃機の開発は，愛知航空機，三菱重工業，中島飛行機の3社に示されたが，三菱重工業は早期に断念したため，愛知航空機と中島飛行機は開発競争を行い，それぞれ試作機を製作した。

愛知航空機が開発したのは社内名「AM17」であり，低翼の単葉機の機体はドイツから輸入したハインケルHe70の構造を採用していた。主翼端は楕円翼で，全金属製である。主脚は黎明期の航空機に多い片持ち式の固定脚であり，車輪カバーを付けたが，海軍はこの旧態依然とした機体を採用した。なぜなら，海軍の要求性能を満たすため，下部構造を格納式にしなかったことにより，重量が軽減し，整備の負担が少なくなったからである。

愛知航空機の試作1号機のエンジンは，九六式艦上爆撃機と同じ，出力600馬力の中島飛行機製空冷星型9気筒の「光1」であり，1938年1月に初飛行した。

試験飛行の結果，試作1号機は，エンジンの馬力不足が顕著であり，方向安定性も不良であることがわかった。試作2号機では，これらの欠点を改善するため，エンジンを出力840馬力の三菱重工業空冷複列星型14気筒の「金星3」に換装し，垂直尾翼に背びれを取り付け，全幅，全長，翼面積を大きくした。また，要求性能に対応するためダイブブレーキを強化した結果，急降下速度は，時速370kmから時速444kmに

九九式艦上爆撃機一一型(D3A1)

全備重量：3,650kg
諸元：全長10.20m，全幅14.37m，全高3.85m
エンジン：離昇出力1,200馬力，三菱空冷星型「金星44」×1
速度：最大で時速386km
航続距離：1,470km
実用上昇限度：9,300m
武装：7.7mm×2(前方)，7.7mm×1(後上方)，爆弾：60kg×2，250kg×1
乗員：2名

九九式艦上爆撃機一一型
九九式艦上爆撃機一一型，連合軍コードネームは“ヴァル”。横須賀海軍航空隊所属機。1940年。

向上した。

これらの改良の結果，愛知航空機の試作機は，中島飛行機の試作機との競争に勝ち，1938年12月に九九式艦上爆撃機一一型として制式に採用された。

標準生産型

試作機は，さらに改良が加えられ，主翼が小型化され，エンジンを三菱重工業製の空冷複列星型14気筒，出力1,000馬力の「金星43」か1,070馬力の「金星44」に換装した。最終的に背びれは有効に機能し，方向安定性は改善された。防御火器は，前方用に7.7mm固定機関銃2挺，後上方用に7.7mm旋回機関銃1挺である。爆装は，胴体下に250kg爆弾1発，翼下に60kg爆弾2発である。

1940年，九九式艦上爆撃機は，空母「加賀」と空母「赤城」に搭載された。一部の部隊は，太平洋戦争が勃発する数か月前に中国に進出して，地上部隊を空から支援した。九九式艦上爆撃機は，1941年12月の真珠湾攻撃とそれに続くインド洋作戦で，輝かしい成果を挙げた。連合軍コードネームは“ヴァル”である。真珠湾攻撃では，6隻の空母に129機搭載され，先陣を切ってアメリカ海軍の艦艇に爆弾を浴びせた。九九式艦上爆撃機は，真珠湾攻撃で11機を失ったが，攻撃は成功し，アメリカ太平洋艦隊の戦艦部隊は6か月間，運用不能になった。

九九式艦上爆撃機は，インド洋作戦の最中の1942年4月に起きたセイロン沖海戦に参加し，イギリス海軍の重巡洋艦「コーンウォール」と「ドーセットシャー」，そして空母「ハーミス」を撃沈した。しかし，1942年5月に起きた珊瑚海海戦で，多くの九九式艦上爆撃機を喪失したことで潮目が変わった。結果として，損害が増大していったことから，九九式艦上爆撃機は，陸上からの作戦に投入された。

九九式艦上爆撃機の改修

1942年8月に，エンジンの出力を1,200馬力に向上した「金星54」に換装した九九式艦上爆撃機一二型が完成した。一二型は航続性能を改善するため，燃料タンクを増設した。一一型との外観上の違いは，視界を改善するために風防を改修，プロペラにはスピナーキャップを取り付けたことである。一二型は，さらに改善が加えられて1943年1月に二二型が完成し，1943年春から部隊配備が始まった。

その後，航空技術廠で開発された新型の艦上爆撃機「彗星」が部隊に配備されたが，小型空母では運用できなかったため，九九式艦上爆撃機

九九式艦上爆撃機一一型
この九九式艦上爆撃機一一型は，真珠湾攻撃に参加した。空母「蒼龍」に配備された第2飛行隊所属機。

が最前線の小型空母で運用された。その後は，より高速の「彗星」が配備されるにつれ，大部分の九九式艦上爆撃機は，支援任務に回された。九九式艦上爆撃機の現役最後の活躍は，1944年のフィリピンの戦いであり，急降下爆撃によって，駐機していた連合軍の戦闘機に大きな被害を与えた。

九九式艦上爆撃機一一型と比べ，二二型はエンジンを「金星54」に換装し，後部座席の風防を改修し，プロペラにはスピナーキャップを取り付けた。

訓練機への改修

戦闘の激化にともない，使用されなくなった九九式艦上爆撃機一二型の多くは，本土に戻され，後部座席に操縦装置を設けた練習機に改造された。これらの機体は，仮称九九式練習用爆撃機一二型と呼ばれた。そして，太平洋戦争の最後の数か月は，神風特別攻撃に使用された。

九九式艦上爆撃機の総生産数は1,495機であり，名古屋の愛知航空機と東京の昭和飛行機工業で生産された。愛知航空機で一一型試作機2機，一一型増加試作機6機，一一型470機，そして，二二型試作機1機，二二型815機が生産された。さらに，昭和飛行機工業で二二型が201機生産された。

九九式艦上爆撃機二二型（D3A2）

全備重量：3,800kg
諸元：全長10.20m，全幅14.37m，全高3.85m
エンジン：離昇出力1,300馬力，三菱空冷星型「金星54」×1
速度：最大で時速430km
航続距離：1,352km
実用上昇限度：10,500m
武装：7.7mm×2（前方），7.7mm×1（後上方），爆弾：60kg×2，250kg×1
乗員：2名

海軍空母航空隊

日本海軍は，太平洋戦争が拡大する中，アメリカ海軍と同様に海戦で勝利するため，主力の空母航空戦力を充実させようとしていた。真珠湾を奇襲攻撃した第1航空艦隊は，6隻の空母で編成されており，艦載機の定数は430機であった。打撃戦力は，雷撃機だが爆弾も搭載できる九七式艦上攻撃機，急降下爆撃を行う九九式艦上爆撃機，艦隊の防空と攻撃部隊の掩護を行う零式艦上戦闘機であった。日本海軍は，1942年6月に行われたミッドウェー海戦では4隻の空母でボックス隊形を構成し，左舷に64機の艦載機（九七式艦上攻撃機，九九式艦上爆撃機，零式艦上戦闘機）を搭載した空母「飛龍」，その後方3,600mに同じく64機の艦載機を搭載した空母「蒼龍」が続いた。右舷に旗艦の空母「赤城」がおり，後方に空母「加賀」が続いた。ミッドウェー海戦は，アメリカ艦隊をハワイの真珠湾から誘い出して撃破しようと意図したものであったが，日本海軍の敗北で終わった。4隻の空母は，アメリカ海軍空母航空隊の攻撃を受けて炎上し，すべて沈没した。日本海軍は1944年にフィリピンでのレイテ沖海戦のために，6隻の空母で部隊を編成することができたにもかかわらず，ミッドウェー海戦で「4大空母」を失ったことで，航空戦力を集中させることができず，劣勢に陥ることになった。

九九式艦上爆撃機二二型

九九式艦上爆撃機二二型の後期型は，昭和飛行機工業で生産された。のちに，陸上の基地で運用された。

零式艦上戦闘機「零戦」
(三菱重工業,A6M,“ジーク”)

連合軍からも畏敬されている零式艦上戦闘機，通称零戦（ゼロ戦）は，太平洋戦争の全期間を通じて，日本海軍戦闘機隊の主力機であった。零戦は，日本のすべての軍用機の中で，最大の生産数を誇った。

1937年5月，海軍は十二試艦上戦闘機の名で，計画要求書を提示した。十二試艦上戦闘機は，九六式艦上戦闘機の後継機となる戦闘機であり，三菱重工業と中島飛行機が試作に応募した。三菱重工業は，堀越二郎技師を設計主務者に指名し，十二試艦上戦闘機の開発を最優先にした。そのため，当時，開発中であった十一試艦上爆撃機の開発は，取りやめることになった。

日本海軍は，日中戦争で経験した戦訓を反映させて，1937年10月に十二試艦上戦闘機の性能要求を修正した。海軍の要求が増大したことから，中島飛行機は開発を断念したため，残った三菱重工業は，単独で開発することになった。

三菱重工業の試作機は，低翼，単葉，全金属製であり，エンジンは，出力780馬力の三菱重工業の空冷星型「瑞星13」を採用した。試作1号機は1939年3月に完成し，1939年4月に志摩勝三操縦手による初飛行に成功した。試作1号機は海軍の要求を満たしたが，初期試験の後にプロペラを2翅から3翅に変更している。試作3号機は，エンジンを中島飛行機の空冷星型「栄12」に換装した。審査の結果，1939年7月に十二試艦上戦闘機として生産が命ぜられた。

1940年夏までに，十二試艦上戦闘機の増加試作機の最初のパッケー

零式艦上戦闘機二一型
この零式艦上戦闘機二一型の増加試作機は，漢口に展開していた第12連合航空隊に所属し，1940年後半に中国軍と交戦した。

零式艦上戦闘機二一型
第1航空艦隊第2戦隊の空母「飛龍」に配備された零式艦上戦闘機二一型（識別色は二本の青帯）。基本塗装は，機体は青灰色，カウリングは艶消しの黒色である。

ジが生産され，実用試験を受けた。そして，7月に当時未採用だった15機が急遽，中国の漢口基地に防空戦闘機として派遣されて活躍した。同時に，十二試艦上戦闘機は零式艦上戦闘機一一型として制式に採用され，量産が命ぜられた。

初期の改修

太平洋戦争が始まる前に，一一型を改修した二一型が完成した。二一型は，主翼後部の翼桁を強化し，空母のエレベーターで運用できるように，両翼端を手動で50cm折り畳めるようにした。二一型は，三菱重工業と中島飛行機で生産された。二一型の192号機から，エルロンのバランスタブを修正している。

1941年12月8日に太平洋戦争が勃発すると，零戦は真珠湾，ウェーキ島，ダーウィン，そしてセイロンでの作戦で活躍し，その傑出した性能で敵を撃破して，速やかに航空優勢を獲得して日本軍の勝利に貢献した。これらの作戦は，空母に搭載された零戦が実行したものだが，フィリピンやインドネシアでは，地上の基地から出撃した。

太平洋戦争の緒戦では，零戦は幾多の攻勢作戦に投入されたが，日本海軍が「ミッドウェー海戦」で太平洋での優勢を失って以降，零戦は防勢作戦に投入され，逐次，損耗していった。

零戦の次の量産型は三二型であり，太平洋戦争開戦前の1941年7月に初飛行した。三二型のエンジンは，出力980馬力の空冷星型「栄21」であり，二速過給機(「栄12」の一速を改善した)が装着されていた。新エンジンを搭載した三二型の飛行試験は，期待外れの結果となったが，「栄21」エンジンの生産も遅れて十分な数がそろわなかった。まもなくして，三二型の量産が始まった。三二型は，翼内の20mm機関砲の携行弾数が60発から100発に増加し，折り畳み式の翼端を切り落としたため，全幅が短くなり，翼面積が減少した。改修された三二型は，三菱重工業と中島飛行機の両社で生産された。

翼端を四角に成形した三二型は，連合軍情報部が零戦のコードネームを“ジーク”に統一する前に，短期間だが“ハップ”，のちに“ハンプ”と呼んでいた。

三二型は，ラバウルから出撃してガダルカナル作戦に参加したが，航続距離が短いことが明らかになっ

零式艦上戦闘機二一型
1942年，ニューブリテン島のラバウル航空基地に展開した第6航空隊所属の零式艦上戦闘機二一型。基本塗装の青灰色には暗緑色の斑点が付き，日の丸は白縁で縁取りされている。

零式艦上戦闘機二一型
太平洋戦争も後半になると，日本海軍機の上部塗装は暗緑色の迷彩塗装に統一された。この零式艦上戦闘機二一型は，マニラのクラークフィールド基地に展開していた第341海軍航空隊第402飛行隊所属機。

零式艦上戦闘機二一型
真珠湾攻撃の第一波攻撃において，第１航空艦隊第１戦隊所属の空母「赤城」から発進した零式艦上戦闘機二一型。

た。その理由は，エンジンを「栄21」に換装したことより，燃料容量が少なくなったこと，そして，燃料消費率が低下したことである。その結果，戦場から遠く離れた飛行場から出撃すると，戦闘時間が不足して問題となった。

航続距離の延長要求

三菱重工業は，三二型の航続距離の不足を改善するため，三二型を改修して二二型を完成させた。二二型は，短くした両翼端を元に戻し，45リッターの燃料タンクを増設した。燃料が増加されたことにより，二二型の航続距離は伸び，太平洋戦線に出現したアメリカ軍のP-38ライトニング戦闘機や，F4Uコルセア戦闘機とわたり合えるようになった。

二二型の翼内の20mm機関砲を銃身の長い新型銃に換装したのが，二二甲型である。また，5機の二二甲型に30mm機関砲を搭載し，試験が行われている。

海軍と三菱重工業の両者は，零戦の戦闘能力の向上を続けた。P-38戦闘機やF4U戦闘機に打ち勝つために，特に高空性能に注目した。戦闘能力の向上の模索の一つが，二一型に排気タービン付き過給機エンジンを試験的に装備した四一型である。四一型は，試験で発生したトラブルを克服できず，計画だけで終わっている。二二型の性能向上型が五二型であり，五二型は，三菱の新型艦上戦闘機「烈風（れっぷう）」が実用化され

零式艦上戦闘機二一型（A6M2）
最大離陸重量：2,796kg
諸元：全長9.06m，全幅12.00m，全高3.53m
エンジン：離昇出力950馬力，中島空冷星型「栄12」×1
速度：高度4,550mで時速534km
航続距離：1,867km
実用上昇限度：10,000m
武装：7.7mm×2（胴体），20mm×2（翼内），爆弾：60kg×2
乗員：1名

るまでの“つなぎの機種”とみられていた。しかし，「烈風」の開発が遅れたため，五二型の各型は，日本が1945年8月に敗北するまで使われ続けた。

五二型の改修の一つは，急降下速度の向上であった。1943年から二二型の改修が始まり，三菱重工業は試験用に主翼を整形した。新たな主翼は，翼幅と翼面積を少なくするため外皮を強化し，翼端を再設計して再び折り畳み部を取り除いた。武装の20mm機関砲2挺と7.7mm機関銃2挺の変更はないが，性能を向上させるため，推力式単排気管を採用した。五二型のエンジンは「栄21」で，二二型に取り付けていた燃料タンクは残した。そして，1943年8月に五二型として制式に採用された。

海軍にとって不運だったのは，五二型を部隊に配備した1943年秋には，戦場にはアメリカ海軍の新型戦闘機F6Fヘルキャットが出現していたことである。F6Fは武装が強化され，被弾にも強い，手ごわい相手であった。

「零戦」の生産数

三菱重工業の「零戦」の正確な生産数は，決して明らかにならないであろう。そして，時折発表される生産数は，微妙に異なっている。最も権威ある資料によれば，生産数は10,449機であり，そのうち，三菱重工業は3,879機，中島飛行機は6,570機である。しかし，その生産数には，さまざまな機体が除かれている。別の機体とみなされているのが水上機の二式水上戦闘機，陸上機の零式練習用戦闘機一一型，零式練習用戦闘機二二型である。零式練習用戦闘機は，大村基地の第二十一海軍航空廠と日立航空機で合計515機生産された。

零式艦上戦闘機二一型

この図は，1942年6月のミッドウェー海戦に参加した空母「飛龍」に配備された，第1航空艦隊第2戦隊所属の零式艦上戦闘機二一型。

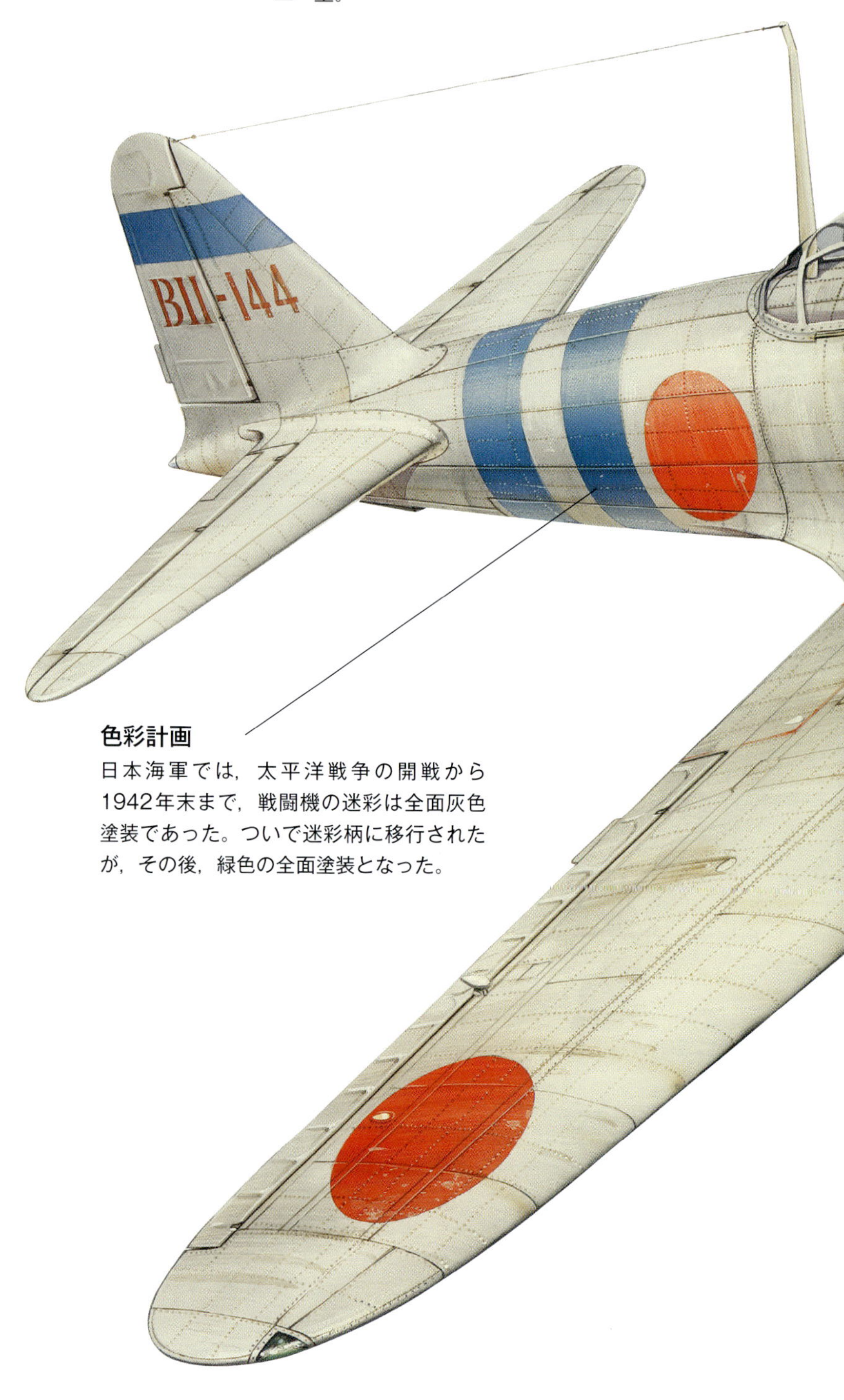

色彩計画

日本海軍では，太平洋戦争の開戦から1942年末まで，戦闘機の迷彩は全面灰色塗装であった。ついで迷彩柄に移行されたが，その後，緑色の全面塗装となった。

コクピット

零式艦上戦闘機は，連合軍の戦闘機と比べて手の込んだ機体であった。キャノピーは全周型で視界は良好だった。パイロットが乗降するときは，キャノピー中央部をスライドさせた。

武装

零式艦上戦闘機の基本武装は，胴体に九七式7.7mm機関銃2挺，翼内に九九式20mm機関砲2挺である。攻撃任務では，胴体下に60kg爆弾を2発携行した。

エンジン

零式艦上戦闘機のエンジンは，離昇出力950馬力の中島飛行機製空冷星型14気筒「栄12」であり，プロペラは3翅の定速プロペラである。

この写真は，1943年8月に中部ソロモン島のムンダ飛行場で連合軍が発見した，残置されていた14機の零式艦上戦闘機三二型“ジーク”のうちの一機である。

零式艦上戦闘機三二型
1942年末にラバウルに展開していた第251海軍航空隊の零式艦上戦闘機三二型。胴体下に330リッターの落下式燃料タンクを装備している。

零式艦上戦闘機三二型（A6M3）
全備重量：2,544kg
諸元：全長9.12m，全幅11.00m，全高3.57m
エンジン：離昇出力1,130馬力，中島空冷星型「栄21」×1
速度：高度6,000mで時速544km
航続距離：2,377km
実用上昇限度：11,050m
武装：7.7mm×2（胴体），20mm×2（翼内）
乗員：1名

次に量産したのは，1944年春に完成した五二甲型である。五二甲型は，急降下速度を向上させるため，主翼外皮を厚くした。また，翼内の20mm機関砲をドラム給弾式からベルト給弾式に変え，携行弾数が増加した。

一方，次の型は零式艦上戦闘機五二乙型（A6M5b）であり，基本型で欠けていた防弾能力を改良した。座席側方の外板を厚くし，風防正面の遮風板内面に防弾ガラスを追加した。同時に胴体右側の7.7mm機関銃1挺を13.2mm機関砲に換装した。

五二乙型は航空戦では優勢であり，いくつかの戦闘で勝利した。フィリピンの戦いが始まると，残存した空母の防衛に貢献した。零戦と海軍航空隊は，マリアナ沖海戦では，のちに“マリアナの七面鳥撃ち”と呼ばれるような屈辱的な敗北を喫した。

1944年10月初めに始まった連合軍のレイテ島上陸では，零戦は，初めて神風特別攻撃に参加した。神風特別攻撃のため，通常は増加燃料タンクの懸吊架（けんちょうか）を改修して爆弾を装着した。これらの神風特別攻撃は10月25日に始まり，そして，アメリカ海軍の護衛空母「セント・ロー」が5機の零戦の攻撃を受けて沈没した。

戦訓から学ぶ

時代遅れになりつつあった零戦の性能を向上させる努力が続けられた。海軍は，フィリピンの戦いの戦訓を踏まえ，三菱重工業に改良を指示した。結果として，1944年7月に海軍は，翼内に13.2mm機関砲を2挺増設し，座席の後部に防弾ガラスを取り付け，コクピット後部に140リッターの燃料タンクを増設した。そして，翼下に無誘導の空対空ロケット弾を装着できるようにした。

それまでの零戦に比べて，さらなる能力の向上を目指すため，三菱重工業はエンジンを「栄21」からパワフルな三菱重工業「金星62」に換装しようとした。しかし，海軍は「金星62」の採用を却下したため，三菱重工業は五二丙型のエンジンを，水メタノール噴射装置のついた「栄31」が完成するまで，「栄21」に据え置くことにした。主翼の爆弾倉を改修した五二丙型の生産が始まったが，生産は100機に満たなかった。1944年11月からは，五二丙型の改修型の生産が始まっている。

五三丙型は，五二丙型のエンジンを水メタノール噴射装置付きの「栄31」に換装し，性能の向上を図った機体である。自動防漏式燃料タンクを装備し，生産は中島飛行機が担当した。

写真は，日本海軍の第1航空艦隊の空母に搭載されている零式艦上戦闘機。1941年12月8日早朝，第1航空艦隊は，ハワイの真珠湾に停泊しているアメリカ太平洋艦隊に対して奇襲攻撃を敢行した。この写真は，カメラ近くで発進中の零式艦上戦闘機。

急降下爆撃型

零戦の爆装については，開発当初から検討されていた。海軍は，零戦の戦闘爆撃型を追求しており，そして，1944年5月から250kg爆弾の懸吊架を設けた戦闘爆撃型の六二型が生産に入った。残存している軽空母から出撃して，敵の艦艇を撃破する急降下爆撃機として使用するため，信頼性の高い戦闘爆撃機が必要とされていたのである。六二型は，大型爆弾を搭載して急降下に耐えられるように水平尾翼を強化し，350リッターの落下燃料タンクを2個装備できるようにした。六二型の機体は五三丙型（A6M6c）と同じである。

零式艦上戦闘機五二型（A6M5）

全備重量：2,733kg
諸元：全長9.12m，全幅11.00m，全高3.57m
エンジン：離昇出力1,130馬力，中島空冷星型「栄21」×1
速度：高度6,000mで時速565km
航続距離：1,922km
実用上昇限度：11,740m
武装：7.7mm×2（胴体），20mm×2（翼内）
乗員：1名

零式艦上戦闘機五二型
朝鮮の元山に展開していた元山海軍航空隊に配備された，カラフルに塗装された高等練習用の零式艦上戦闘機五二型。推力式単排気管が外見上の特徴である。

五二丙型と六二型の両型が実戦に投入された後，海軍は三菱重工業の提案を受け入れ，最終的に，零戦のエンジンを三菱重工業の「金星62」に換装することを決定した。1944年11月，海軍は「金星62」に換装した試作機2機の生産を命じた。これにより，中島飛行機の栄エンジンの製造は終わった。

五二丙型のエンジンを「金星62」に換装したのが六四型であり，1945年4月から生産が開始された。金星エンジンは，栄エンジンより直径が大きかったため，前部胴体を設計変更し，胴体の13.2mm機関砲は撤去された。六四型の生産は優先されたが，生産中に終戦を迎えた。

零式艦上戦闘機五三丙型（A6M6c）

最大離陸重量：2,950kg
諸元：全長9.06m，全幅11.00m，全高3.50m
エンジン：離昇出力1,130馬力，中島空冷星型「栄31」×1
速度：高度6,000mで時速565km
航続距離：2,896km
実用上昇限度：10,700m
武装：13.2mm×2（胴体），13.2mm×1（翼内），20mm×2（翼内）
乗員：1名

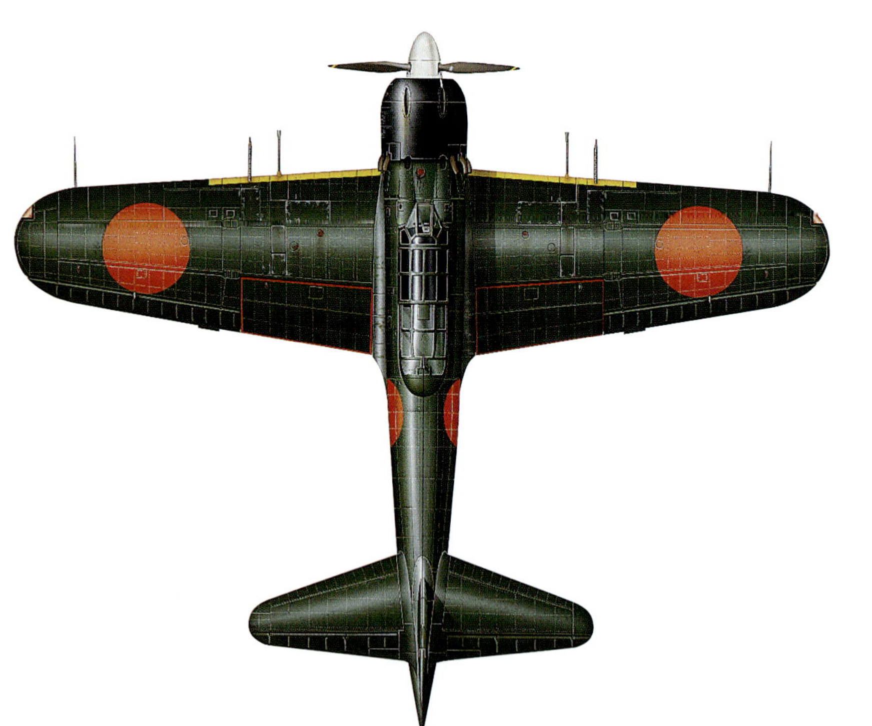

零式艦上戦闘機五二丙型
第210海軍航空隊所属の零式艦上戦闘機五二丙型。五二丙型は，武装強化型で，胴体の7.7mm機関銃を廃止し，翼内に13.2mm機関砲を2挺増設した。

零式艦上戦闘機五四型（A6M8）

最大離陸重量：2,950kg
諸元：全長9.24m，全幅11.00m，全高3.64m
エンジン：離昇出力1,180馬力，三菱空冷星型「金星62」×1
速度：高度6,000mで時速573km
航続距離：不明
実用上昇限度：11,200m
武装：13.2mm×2（胴体），20mm×2（翼内）
乗員：1名

艦上爆撃機「彗星(すいせい)」

（海軍航空技術廠，D4Y，"ジュディ"）

太平洋戦争における最速の急降下爆撃機の一つである艦上爆撃機「彗星」は，ヨーロッパ製航空機の強い影響を受けた機体であったが，開発が遅れたため，部隊に配備されて任務に就いたのは1943年3月であった。そのため海軍は，時代遅れとなった愛知航空機製の九九式艦上爆撃機を使用し続けなければならなかった。

長い航続力を有し，空力的に洗練された形状の艦上爆撃機「彗星」は，ドイツから輸入したハインケル118の影響を受けていた。海軍は，「彗星」を九九式艦上爆撃機の後継機として使用することを計画した。「彗星」は，九九式艦上爆撃機と同じ戦闘行動半径を確保するため，燃料搭載量は同量を要望した。愛知航空機は，十三試艦上爆撃機の試作機1号機に液冷式のダイムラー・ベンツ社製のDB600Gエンジンを搭載した。この試作機1号機は1940年11月に初飛行している。

エンジンを愛知航空機の液冷式「アツタ21」に換装した十三試艦上爆撃機は，高性能を発揮して海軍の要求を満たしたため，偵察用カメラを搭載して二式艦上偵察機として制式採用された。二式艦上偵察機は，空母「蒼龍」に搭載されてミッドウェー海戦に参加し，その後，太平洋戦争が終わるまで使用された。

艦上爆撃機型の開発

「彗星」の改良は続き，主翼の強度を向上し，ダイブブレーキを改良した艦上爆撃機「彗星」一一型が量産に入り，1944年6月のマリアナ沖海戦に参加した。マリアナ沖海戦では，アメリカ海軍戦闘機の迎撃を受けて大きな損害を被った。燃料タンクの防弾が不足していることが明らかになり，その結果，多くの搭乗員を失った。

1944年10月に，エンジンをよりパワフルな「アツタ32」に換装した「彗星」一二型が完成し，「彗星」艦爆隊の主力となった。また，後方旋回機銃を13mm機関砲に強化した「彗星」一二甲型も生産された。

「彗星」二二型と「彗星」二二甲型は，航空戦艦「伊勢」と「日向」に搭載するため，カタパルトで射出できるように機体構造を強化した型である。

「彗星」の最終生産型は，三菱重工業の空冷星型「金星62」エンジンを搭載した「彗星」三三型であり，その多くが特別攻撃に投入された。

艦上爆撃機「彗星」一二型（D4Y2）

最大離陸重量：4,250kg
諸元：全長10.22m，全幅11.50m，全高3.74m
エンジン：離昇出力1,400馬力，愛知液冷直列「アツタ32」×1
速度：高度4,750mで時速550km
航続距離：1,465km
実用上昇限度：10,700m
武装：7.7mm×2（前方），7.7mm×1（後上方），爆弾：30kg～60kg×2，250kg～500kg×1
乗員：2名

艦上爆撃機「彗星」
第601海軍航空隊に配備された艦上爆撃機「彗星」。後期型である「彗星」四三型には，離陸用のロケット装置が装備されていた。

艦上攻撃機「天山（てんざん）」

（中島飛行機，B6N，“ジル”）

海軍の艦上攻撃機「天山」は，太平洋戦争後半に活躍した，標準型空母から発進して魚雷攻撃を行う艦上攻撃機である。「天山」は中島飛行機の九七式艦上攻撃機の後継機であり，その有名な先代よりも，かなり重く，より強力な機体であった。

1944年4月，トラック島沖で，アメリカ海軍の空母「ヨークタウン」に向かって，海面上を低高度で接敵中の艦上攻撃機「天山」。

「天山」は，1939年に出された海軍の計画要求書に応じて製作されたものであり，機体の外観は，先行機の九七式艦上攻撃機に非常に似ていた。改良点は，新型の中島飛行機の空冷星型「護（まもり）11」エンジンを採用したことであり，九七式艦上攻撃機の「栄11」よりも80パーセントも出力が増加した。2機の試作機は1941年3月に初飛行し，艦上攻撃機「天山」一一型として量産に入った。

生みの苦しみ

「天山」は，垂直安定板に起因する空気力学的問題が解決しておらず，また，「護11」エンジンから生まれる振動も止まらなかった。それでも，1942年7月に試作1号機が海軍に引き渡され，空母搭載のための実用試験が始まったが，さらに着艦フックに問題があることがわかった。改修を終えた「天山」は，折から始まったマリアナの戦いに参加した。しかし，着陸速度が速いことと武装の問題から，「天山」は大型空母しか運用できないとみなされた。「護11」エンジンの信頼性の問題は解決できなかったことから，エンジンを三菱重工業の「火星25」に換装した。皮肉にも「火星25」エンジンに換装したことで，性能が向上したことが確認され，艦上攻撃機「天山」一二型として採用され，量産が始まった。

「天山」の総生産数は1,268機であり，そのうち「天山」一二型は1,133機生産され，特に沖縄の作戦に投入され，通常の攻撃任務，そして，アメリカ艦隊に対する神風特別攻撃に使用された。

艦上攻撃機「天山」一二型（B6N2）

最大離陸重量：5,650kg
諸元：全長10.87m，全幅14.90m，全高3.80m
エンジン：離昇出力1,850馬力，三菱空冷星型「火星25」× 1
速度：最大で時速480km
航続距離：3,045km
実用上昇限度：9,040m
武装：7.7mm × 1（後下方），13mm × 1（後上方），魚雷：800kg，爆弾：60kg × 6，250kg × 2，500kg × 1，800kg × 1
乗員：3名

艦上攻撃機「天山」一二型。
艦上攻撃機「天山」一二型は，1944年から日本海軍に配備され，沖縄周辺の海戦で広く使用された。

艦上攻撃機「流星（りゅうせい）」

（愛知航空機,B7A,“グレース”）

魚雷攻撃による雷撃と急降下爆撃の二つの任務を満たすことを目指して製作された，強力な艦上攻撃機が「流星」である。しかし，空母に搭載するには，「流星」の出現はすでに遅く，また，東南海地震による工場の被災もあり，終戦まで生産は遅々として進まなかった。

艦上攻撃機「流星」
第一線で艦上攻撃機「流星」を運用する航空隊の一つが横須賀海軍航空隊であり，もう一つが第752海軍航空隊である。

「流星」は，中島飛行機が製作した艦上攻撃機「天山」と，航空技術廠が製作した艦上爆撃機「彗星」の任務を一機種で行うために開発された。「流星」は空母艦載機として運用するには大きすぎたが，海軍は「零戦」と同様の運動性を要求した。武装は魚雷1本か250kg爆弾2発であり，航続距離は1,852kmであった。

「流星」の主翼は，中翼単葉の逆ガル翼である。エンジンは，中島飛行機の空冷星型「誉（ほまれ）12」を搭載していた。

試作1号機

「流星」の試作1号機は，1942年5月に完成した。エンジンは，試験的に「誉11」を搭載した。「誉11」エンジンは不調であったが，飛行性能は要求を満たしていた。エンジンを「誉12」に換装した増加試作機は，「流星」一一型として制式に採用され，1944年4月から量産が開始された。

「流星」は，「彗星」よりも生産は容易と考えられたが，生産は遅々として進まなかった。さらに1945年6月の空襲で，愛知航空機船方工場が大きな被害を受けて，そのまま終戦を迎えた。当時，海軍はすでに空母機動部隊を失っており，114機の「流星」は地上基地から出撃した。

「流星」の量産型は「流星」一一型であり，武装は，前方用として翼内に20mm機関砲2挺，後上方用として7.92mm旋回機関銃1挺を装備した。7.92mm旋回機関銃は，のちに13mm旋回機関砲に換装した。また，出力2,200馬力の三菱重工業の「ハ43」エンジンに換装する計画もあった。

野心的な要望

日本海軍は新型空母で運用するため，最新の艦上攻撃機「流星」の配備を計画したが，艦載機として運用することはなかった。「流星」は，海軍の野心的な要望を実現した機体であり，艦載機としては最重量であった。基本的な計画要求は，胴体内に250kg爆弾2発，または60kg爆弾6発を取り付けるか，機外に魚雷を取り付けるというものであった。防御火器は，翼内に20mm機関砲2挺と，後上方用に13mm機関砲1挺である。最大速度は時速569km，標準航続距離は1,852kmである。

艦上攻撃機「流星」一一型（B7A2）

最大離陸重量：5,625kg
諸元：全長11.49m，全幅14.40m，全高4.075m
エンジン：離昇出力1,825馬力，中島空冷星型「誉12」×1
速度：高度6,550mで時速565km
航続距離：3,040km
実用上昇限度：11,250m
武装：20mm×2（翼内），13mm×1（後上方），魚雷：800kg×1，爆弾：60kg×6，250kg×2，500kg×1，800kg×1
乗員：2名

第4章
飛行艇と水上機

太平洋戦争の開戦以来，島国の日本は，飛行艇と水上機を長期間運用してきた。日本海軍は，長距離洋上偵察能力を有する大型飛行艇を整備するとともに，日本の航空工業は，戦闘機，哨戒機，そして他に類のない潜水艦に搭載する攻撃型水上機である愛知航空機製の特殊攻撃機「晴嵐(せいらん)」を製作した。この章では，次の飛行艇と水上機を説明する。

- ・零式観測機（三菱重工業, F1M, “ピート”）
- ・九七式飛行艇（川西航空機, H6K, “メイヴィス”）
- ・零式水上偵察機（愛知航空機, E13A, “ジェイク”）
- ・二式飛行艇（川西航空機, H8K, “エミリー”）
- ・二式水上戦闘機（中島飛行機, A6M2, “ルーフ”）
- ・特殊攻撃機「晴嵐」（愛知航空機, M6A1）

太平洋戦争中，部隊に配備された飛行艇の中で最も印象的な機体の一つである二式飛行艇は，信頼性の高い洋上監視用電波探信機を装備していなかった。1943年，マキン環礁で擱座(かくざ)した二式飛行艇を調査しているアメリカ軍兵士。

零式観測機

（三菱重工業，F1M，“ピート”）

デザインと技術で高く評価された零式観測機だが，太平洋戦争開戦時には，時代遅れの航空機になっていた。しかし，連合軍の戦闘機に煩わされない限られた戦場で，多用な任務を果たした。

1935年，日本海軍は十試水上観測機の名称で，愛知航空機，川西航空機，三菱重工業に試作を指示した。三菱重工業は，社内名「カ17」を提案した。「カ17」は，複葉，複座の短距離観測機であり，胴体下にフロートを取り付けてV字ストラットで固定し，片持ち式のフロートを左右の主翼下に取り付けた。将来的に，軍艦からカタパルト発進ができるように設計されていた。

低い性能

「カ17」は1936年6月に初飛行した。エンジンは，出力820馬力の中島飛行機製空冷星型「光（ひかり）1」であったが，性能は要求を下回っていた。「カ17」は特に，水上では揺れが止まらなくなる“ポーポイジング現象”に陥りやすく，空中では方向安定性が不良であった。三菱重工業は，略符号F1M1の試作機を4機製作した。改修型のF1M2は，F1M1の問題を解決するため，主翼の平面形を変更し，エンジンをよりパワフルな，出力800馬力の三菱重工業製空冷星型「瑞星（ずいせい）13」に換装した。

こうしてF1M2は，速度性能が大幅に向上し，格闘戦能力も優れていたため，零式観測機一一型として制式に採用された。

実戦での使用

零式観測機は，第一線部隊では信頼性の高い多用途機として，艦上偵察，船団護衛，水上基地からの沿岸偵察，対空戦闘，急降下爆撃に使用された。海軍は，同じクラスでは唯一の水上観測機であったため，零式観測機を量産して各地の戦場に配備した。

零式観測機の派生型に，複座練習機の零式練習用観測機がある。連合軍コードネームは“ピート”である。生産数は三菱重工業で528機，佐世保にある第二十一海軍航空廠で590機，合計で1,118機である。

零式観測機一一型（F1M2）
最大離陸重量：2,550kg
諸元：全長9.50m，全幅11.00m，全高4.00m
エンジン：離昇出力875馬力，三菱空冷星型「瑞星13」×1
速度：高度3,440mで時速370km
航続距離：740km
実用上昇限度：9,440m
武装：7.7mm×2（前方），7.7mm×1（後方），爆弾：60kg×2
乗員：2名

零式観測機
1943年にラバウルに展開した第958海軍航空隊に配備された零式観測機。戦艦や巡洋艦に搭載され，航空機が不在の基地にも配備された。

九七式飛行艇
（川西航空機，H6K，“メイヴィス”）

日本海軍による真珠湾攻撃当時，九七式飛行艇は，最も高性能の飛行艇であった。九七式飛行艇は終戦まで，海洋偵察，爆撃，輸送任務に使用された。

1934年初め，川西航空機は，日本海軍が示した高性能長距離偵察飛行艇の運用要求に対応して，「S型」大型飛行艇を開発した。海軍が示した九試大型飛行艇の性能は，巡航速度は時速220km，航続距離は4,500kmであった。

「S型」大型飛行艇は，1936年7月に初飛行した。機体の形状は，主翼は高翼のパラソル式を採用し，胴体は波板を利用した2本桁構造で，胴体上部の支柱で主翼とつなぎ，胴体下部の支柱で主翼を支えた。「S型」大型飛行艇試作機のエンジンは，出力840馬力の中島飛行機製空冷星型「光2」4発であり，それぞれ主翼の前縁に配置した。

「S型」大型飛行艇の試作1号機は，水上での取り扱いにいくつかの問題があった。結果として，機体を再設計し，昇降ステップを後方に移動して水上と空中での操作性を向上させた。試作1号機の武装は，前方，後上方，後下方の防御用に7.7mm旋回機関銃を3挺，攻撃用として，主翼を支える支柱に800kg魚雷2発か1,000kg爆弾を携行した。

試作機の改良型

「S型」大型飛行艇の試作1号機の審査の結果，性能を向上させることになり，4機の試作機のうちの3機のエンジンを，よりパワフルな出力1,000馬力の三菱重工業製空冷星型「金星43」に換装した。1938年初め，この改修型が九七式一号飛行艇として，日本海軍に制式に採用された。

一方，量産型は九七式二号飛行艇であるが，1940年4月に九七式二号飛行艇一型，次いで，九七式飛行艇一一型に改称されている。細かな装備の変更を除けば，九七式飛行艇一一型は，エンジンを換装した九七式一号飛行艇と見分けがつかなかった。

九七式飛行艇一一型，連合軍コードネーム“メイヴィス”は，日中戦争最中の1938年1月に部隊に配備されて戦闘に参加し，そして，太平洋

九七式飛行艇二三型（H6K5）
最大離陸重量：23,000kg
諸元：全長25.63m，全幅40.00m，全高6.27m
エンジン：離昇出力1,300馬力，三菱空冷星型「金星51」または「金星53」× 4
速度：高度6,000mで時速385km
航続距離：6,775km
実用上昇限度：9,560m
武装：7.7mm × 4（前方，後上方，側方左右，後方），20mm × 1（後方），魚雷：800kg × 2
爆弾：1,000kg
乗員：9名

九七式飛行艇二三型
連合軍の戦闘機に妨害されない限り，運用された九七式飛行艇二三型“メイヴィス”は，優秀な遠距離洋上哨戒機である。本機の最終型である二三型は，戦争が終結するまで使用された。

戦争の勃発とともに，大規模な作戦に投入された。しかし，1930年代半ばに設計された機体であったため，性能の不足は顕著であり，徐々に最前線の任務から外されていった。それでも，1942年末には，危険の多い戦場での戦闘に使われ続けた。

その後，九七式飛行艇は，連合軍の戦闘機が活動していない空域で偵察や輸送の任務に就いた。九七式飛行艇は，終戦まで海軍航空隊で活躍している。

洋上哨戒任務中の九七式飛行艇は，徐々に脆弱になっていった。写真は，1944年の中部太平洋で，アメリカ海軍のPB4Y2飛行艇から銃撃を受けて炎上する九七式飛行艇“メイヴィス”。

任務の拡大

九七式飛行艇は改良型を含め，最終的に合計217機生産された。海軍仕様のうち，初期生産型の九七式飛行艇一一型を改修し，「金星43」エンジンに換装した九七式飛行艇二二型は，最多生産型となった。

九七式飛行艇二二型は，燃料タンクを増加し，武装を強化した型である。後下方の銃座は取り外し，7.7mm機関銃を側方左右のブリスター銃座に設置した。前方と後上方に7.7mm機関銃，後方に20mm機関砲を取り付けた。1941年8月始め，エンジンを出力1,070馬力の三菱重工業製空冷星型「金星46」に換装した九七式飛行艇二二型が完成した。

九七式飛行艇二二型は127機生産された。最終的に，海軍九七式飛行艇二二型という共通の呼称が採用された。

九七式飛行艇の最終生産型は二三型である。エンジンは，三菱重工業の「金星51」か「金星53」に換装され，操縦席後方の動力銃座に7.7mm機関銃1挺を増強した。九七式飛行艇二三型は，川西航空機が生産中の二式飛行艇の配備が遅れた場合の予防措置とみられており，1942年までに二三型は36機生産されて部隊に配備された。

九七式飛行艇の輸送機型

九七式飛行艇は優れた航続性能と輸送能力を有していたことから，海軍は便利な輸送飛行艇として使用するため，多くのバージョンを生産した。最初に輸送飛行艇に改修されたのは，初期生産型の一一型2機であり，さらに二二型2機を改修して試験を行い，VIP輸送用の九七式輸送飛行艇として採用した。主要生産型は「金星43」エンジン装備機であり，武装を取り除いたこと以外は，初期型と同じである。九七式輸送飛行艇は，大日本航空が18の客席を備えた川西式四発飛行艇として，18機採用した。その後も，エンジンを「金星46」に換装し，客室の窓を増設した無武装の改造型が製作された。

九七式飛行艇二三型

エンジンを「金星51」または「金星53」に換装し，武装を強化した九七式飛行艇の最終生産型である二三型。

零式水上偵察機
（愛知航空機，E13A，“ジェイク”）

零式水上偵察機は，長い時間をかけて開発された機体であり，信頼性の高い水上偵察機であったことから，太平洋戦争の始まりから終わりまで，海軍航空隊で使用された。同じクラスの機体の中では最も量産された機体であり，生産数は1,500機に達した。

愛知航空機の零式水上偵察機は，同じ愛知航空機の十二試二座水上偵察機のデザインを踏襲した機体である。愛知航空機は，十二試二座水上偵察機の開発と同時期に，1937年に海軍が内示した十二試三座水上偵察機の製作を開始した。十二試三座水上偵察機は，長距離偵察用の水上機であり，地上配備の海軍航空部隊が到達できない遠方を航行する輸送船団の護衛を目的としていた。この任務は，すでに実戦配備されていた川西航空機の九四式水上偵察機の任務を引き継ぐものであった。

当初，十二試三座水上偵察機は複座型を予定しており，愛知航空機，川西航空機，中島飛行機の3社が応募して，それぞれE12A1，E12K1，E12N1を製作した。しかし，海軍は方針を変更し，より高速で長い航続性能を有する三座の水上偵察機を内示したため，愛知航空機，川西航空機，中島飛行機の3社は，それぞれE13A1，E13K1，E13N1で応募した。しかし，中島飛行機は複座機に固執し，川西航空機はE13K1を製作したが，愛知航空機のE13A1は速度と航続性能の条件を満たしていた。

1939年1月に完成した愛知航空機製十二試三座水上偵察機の試作機は，金属製，低翼単葉，双浮舟式であり，主翼の外翼が折り畳めるため，艦艇の甲板に搭載することができた。エンジンは，三菱重工業の空冷星型「金星43」を搭載した。

競争試作

愛知航空機のE13A1は，同じ愛知航空機が製作したE12A1と並んで審査を受けたが，E13A1の優位性は明らかであった。E13A1は，E12A1に比べて大きく重たかったが，非常に安定した機体であり，飛行性能も優れており，最大速度は要求値を満たしていた。

愛知航空機と中島飛行機の複座型の計画は中止された。そして，ライバルの川西航空機の三座型が事故で

零式水上偵察機一一型
（E13A1）
最大離陸重量：3,640kg
諸元：全長11.30m，全幅14.50m，
全高7.40m
エンジン：離昇出力1,080馬力，三菱空冷星型「金星43」×1
速度：高度2,180mで時速375km
航続距離：2,090km
実用上昇限度：8,730m
武装：7.7mm×1（後上方），
爆弾：60kg×4，250kg×1
乗員：3名

零式水上偵察機
塗装された零式水上偵察機。日本海軍の戦艦や巡洋艦に搭載されて偵察任務に就いた。

失われたため，日本海軍は，愛知航空機の三座型試作機の性能試験を行い，零式一号水上偵察機一型として制式に採用し，のちに零式水上偵察機一一型と改称した。

零式水上偵察機一一型の生産は，愛知航空機の他に渡邊鉄工所（のちの九州飛行機）が行った。愛知航空機は1942年までに，試作機を含み133機製作し，九州飛行機は1,200機製作した。主要製作会社の愛知航空機は，九九式艦上爆撃機と艦上爆撃機「彗星」も同時期に製作している。また，呉市広の第十一海軍航空廠で90機製作された。

実戦参加

零式水上偵察機，連合軍コードネーム“ジェイク”は，1941年末に部隊に配備され，真珠湾攻撃では，重巡洋艦の「利根」と「筑摩」「衣笠」に搭載されて戦闘に参加した。零式水上偵察機の初陣は，真珠湾攻撃に参加する前の1941年12月であり，中国の広東と漢口を結ぶ鉄道を爆撃している。

1944年末，改良型の零式水上偵察機一一甲型が完成した。一一型では張線切断事故が続出したため，一一甲型は，張線を廃止して浮舟支柱を8本に増加し，プロペラスピナーを追加し，電波探信機を搭載した。零式水上偵察機一一乙型は，潜水艦捜索用に磁気探知機を搭載し，アンテナは主翼前縁から胴体後部側面に付け替えられた。

「金星43」エンジンは，一一甲型と一一乙型の両方に搭載された。夜間偵察機型は，一一甲型と一一乙型の排気管にダンパーを装着して，消煙排気管とした。派生型として，アメリカ海軍の魚雷艇攻撃専用機として胴体下部に20mm旋回機関砲を1挺搭載した水上攻撃型，そして，潜水艦を探索する磁気探知器（MAD）を搭載した型がある。

零式水上偵察機一一型は，太平洋戦争の終結まで飛行部隊で使用され，艦艇と陸上の基地の両方で運用された。長距離哨戒任務では，最高で15時間という想像を超える長時間にわたって飛ぶことができた。また，航空救難，対艦攻撃，兵員輸送を行い，終戦間近には神風特別攻撃任務に参加した。爆撃任務は，連合軍の戦闘機が少ない場合か，まったくいない海域で行われた。

零式水上偵察機の防御能力は不足していた。後上方の防御用に7.7mm機関銃1挺を搭載していたが，搭乗員の防護措置は施されていなかった。しかし，零式水上偵察機の優れた航続力は，これらの限界を補って余りあり，日本海軍が行くところはどこにでも展開した。

二式飛行艇

（川西航空機，H8K，“エミリー”）

恐るべき防御能力を有することで，連合軍のパイロットから畏敬されていた二式飛行艇の生産数は比較的少なかったが，太平洋戦争の終結まで使用された。二式飛行艇の部隊での評価は高く，戦争に参加した同じタイプの機体の中では，最も高性能とみなされていた。

九七式飛行艇の後継機として高性能飛行艇を求めていた海軍は，1938年に四発エンジンを搭載する十三試大型飛行艇の開発を川西航空機に指示した。川西航空機は，九七式飛行艇の部隊配備を始めたばかりであった。十三試大型飛行艇は，アメリカ海軍のシコルスキーXPBS-1飛行艇や，イギリス海軍のショート・サンダーランド飛行艇の性能を上回ることが求められていた。

十三試大型飛行艇試作機の初飛行は，1940年12月30日である。試作機は，高翼，単葉の大型の胴体を採用しており，エンジンは，三菱重工業の推力1,530馬力「火星11」を4基搭載した。

十三試大型飛行艇の乗員は10名で，強力な防御火器を装備し，十分な防護措置が取られていた。胴体の燃料タンクは自動防漏装置を装備しており，二酸化炭素を利用した消火システムも備えていた。十三試大型飛行艇の燃料搭載量は，驚異的な17,040リッターであり，最大離陸重量の29パーセントもあった。この燃料が十三試大型飛行艇の高い航続力を可能とした。十三試大型飛行艇の武装は，前方，上方，後方に20mm旋回機関砲各1挺，側方左右のブリスター銃座に20mm機関砲各1挺，後下方に7.7mm機関銃1挺である。

初期の改良

十三試大型飛行艇試作機は，試験飛行では水上滑走中に不安定になり，危険な状態に陥ることがわかった。機体は安定を失って，機首が持ち上がり，その後，すぐに上下運動が起きてプロペラが海面をたたき，主翼が海水をかぶった。結果として，艇体を再設計することになった。1941年末に海軍が二式飛行艇一一型として制式に採用し，生産を始める前に，艇体を高くし，水平尾翼を改修し，前方の水平梯子を改修した。一方，改修された2機の増加試作機は，初期生産型となった。

二式飛行艇は先代の九七式飛行艇と比較して，水上での取り扱いには依然として問題があったが，航続性能と高速性能は飛躍的に向上していた。

二式飛行艇一一型は，初度生産として14機生産されたが，エンジンは三菱重工業の「火星11」から同じ

二式飛行艇一二型（H8K2）

最大離陸重量：32,500kg
諸元：全長28.13m，全幅38.00m，全高9.15m
エンジン：離昇出力1,850馬力，三菱空冷星型「火星22」×4
速度：高度5,000mで時速465km
航続距離：7,150km
実用上昇限度：8,760m
武装：7.7mm×3（後下方，予備2），20mm×5（前方，側方左右，上方，後方），爆装：爆弾または爆雷2,000kg，魚雷800kg×2
乗員：10名

二式飛行艇一一型
横浜海軍航空隊所属の二式飛行艇一一型。1942年3月に，長距離を飛翔してハワイを空襲した2機のうちの1機である。

二式飛行艇一二型
横浜の第801海軍航空隊所属の二式飛行艇一二型“エミリー”。二式飛行艇は，少数しか生産されなかったが，部隊では高い評価を得ていた。

馬力の「火星12」に換装した。機体の名称は変わらない。武装は試作機と比べて少なくなっており，後上方と後方に20mm機関砲各1挺，7.7mm機関銃4挺であった。

最初の戦闘

二式飛行艇一一型は，1942年3月初めに飛行部隊に実戦配備された。最初の任務は，ハワイのオアフ島にある真珠湾への夜間空襲であり，マーシャル諸島から発進し，目標までの飛行途中で潜水艦から給油を受けた。

二式飛行艇，連合軍コードネーム“エミリー”は，戦時では爆撃，偵察，そして輸送任務に就いた。二式飛行艇による初期の頃の爆撃任務は，結果として期待外れに終わったが，印象的な防御火器と防弾能力，そして高速性能により，洋上偵察任務で能力を発揮した。

二式飛行艇の中で最大の生産数を誇ったのが，「火星22」エンジンを搭載した二式飛行艇一二型であり，武装は強化され，燃料タンクは完全に防弾されていた。その他の変更点は，尾翼面積を修正しており，一一型と比較して，それが唯一の外形上の違いであった。日本海軍は，一二型を合計112機製造した。一二型の武装は，試験飛行した試作機の武装に，コクピットの左右のハッチに7.7mm機関銃を取り付けた。1943年末から部隊に配備された二式飛行艇一二型の後期型は，電波探信機を装備していた。

輸送機型

十三試大型飛行艇の試作1号機を輸送機型に改修したのがH8K1-Lであり，水メタノール噴射装置を付加して出力を向上させた出力1,850馬力の「火星22」エンジンを搭載した。人員は，巨大な胴体の二重甲板にしつらえたシートに座った。この輸送機型は36機生産された。武装と燃料タンクの一部を取り去った，量産型の仮称「晴空（せいくう）」三二型は，29名の旅客か64名の兵士を空輸できた。

「晴空」三二型のうちの1機は，横須賀にある海軍司令部要員の専用機として使用された。

他の2種の改良型は，量産されなかった。それは，「火星22」エンジンを搭載した仮称二式飛行艇二二型であり，翼端フロートと後部上方用の20mm機関砲を引き込み式にして速度を向上させようとしたが，2機の試作のみで終わった。その他の改修機は，二式飛行艇一二型の後期生産型であり，ブリスター銃座の7.7mm機関銃を取り去り，スライド式ハッチに取り付けた。

最後に，前記の仮称二式飛行艇二二型試作機のエンジンを出力1,825馬力の「火星25乙」に換装した，H8K4と輸送機型のH8K4-Lが計画されたが，川西航空機が本土防衛のために戦闘機の生産に集中することになったため，中止になった。

この写真は，アメリカ軍に捕獲された二式飛行艇“エミリー”。この機体は量産型の二式飛行艇一二型であり，第801海軍航空隊の所属機である。

二式水上戦闘機
（中島飛行機, A6M2, “ルーフ”）

第二次世界大戦の全期間を通じ，零式艦上戦闘機から発展した二式水上戦闘機のみが，唯一成功した水上戦闘機であった。二式水上戦闘機は，次の水上戦闘機が開発されるまでの中継ぎの機種とみられていたが，その後継機よりも大量生産された。

1940年，日本海軍は，川西航空機に十五試水上戦闘機「強風（きょうふう）」の開発を命じた。しかし「強風」が完成するまで，中継ぎの水上戦闘機が必要となった。1941年2月，海軍は中島飛行機に，零式艦上戦闘機にフロートを取り付けた水上戦闘機の改造試作を命じた。

水上戦闘機は，日本が太平洋の島々を“飛び石作戦”で占領する際，戦闘機が展開できる飛行場が少なかったため，必要性が高まったものである。海軍は，水上戦闘機も艦載機以外の航空戦力と見ていた。

二式水上戦闘機は，零式艦上戦闘機一一型を改修した機体であり，主脚，尾輪，着艦フックを除き，フロートを取り付けてV字ストラットで固定し，片持ち式のフロートを左右の主翼に取り付けた。武装は，零式艦上戦闘機一一型と同じである。飛行性能に優れており，敵戦闘機を撃墜することもあった。

最初の飛行

二式水上戦闘機は，真珠湾攻撃当日の1941年12月8日に初飛行した。二式水上戦闘機が最初に配備されたのが横浜海軍航空隊であり，まもなく南太平洋に進出した日本軍を支援するため，ソロモン諸島に展開した。ソロモン諸島に展開した二式水上戦闘機は，アメリカ海軍機の空襲により，ほとんどが失われたが，アリューシャン諸島の攻略戦に参加した二式水上戦闘機は，アメリカ軍基地の攻撃で活躍した。太平洋戦争末期，二式水上戦闘機は日本本土防衛のため，琵琶湖に展開して本州中部地方の防空任務に就いた。

二式水上戦闘機の生産は1943年9月まで続けられ，生産数は327機であった。川西航空機の「強風」は，飛行部隊に配備されたものの，完成が遅すぎたため，実力を発揮できなかった。生産された「強風」はたった89機であった。その時点で，すでに水上戦闘機は時代遅れになっていた。

二式水上戦闘機（A6M2-N）
最大離陸重量：2,880kg
諸元：全長10.10m，全幅12.00m，全高4.30m
エンジン：離昇出力950馬力，中島空冷星型「栄（さかえ）12」×1
速度：高度5,000mで時速435km
航続距離：1,781km
実用上昇限度：10,000m
武装：7.7mm×2（胴体），20mm×2（翼内），爆弾：60kg×2
乗員：1名

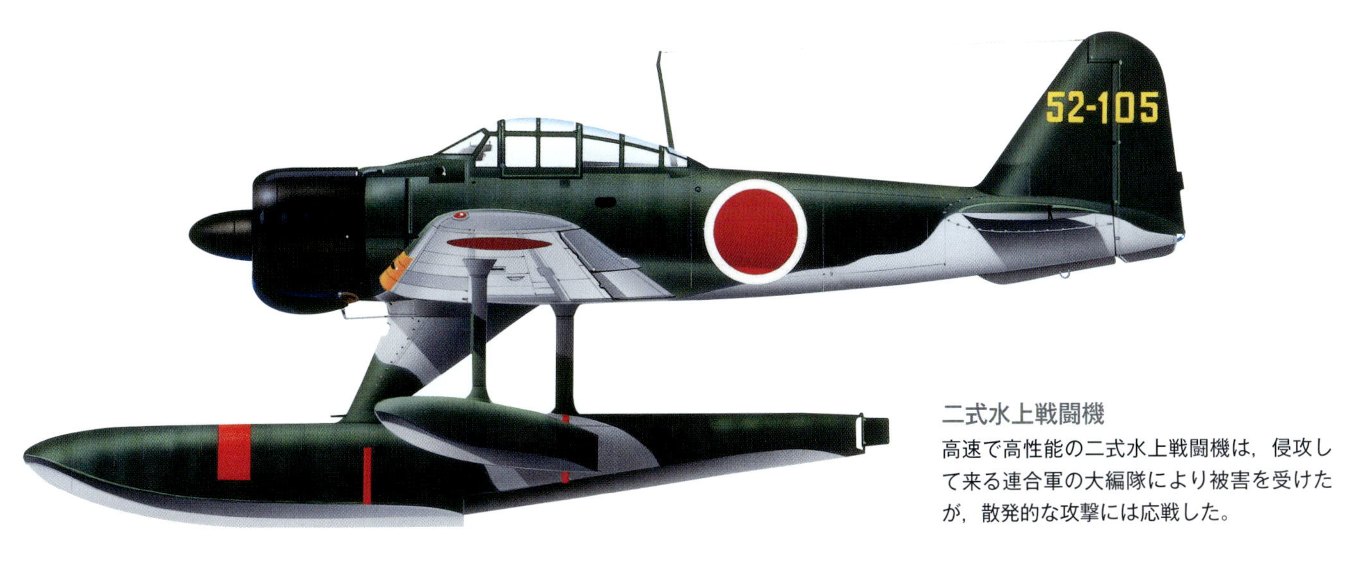

二式水上戦闘機
高速で高性能の二式水上戦闘機は，侵攻して来る連合軍の大編隊により被害を受けたが，散発的な攻撃には応戦した。

特殊攻撃機「晴嵐（せいらん）」

（愛知航空機，M6A1）

特殊攻撃機「晴嵐」は，潜水艦に搭載する攻撃機というユニークな要求に基づいて誕生した機体であり，世界のどの国も生産しなかった唯一の機体である。終戦により，「晴嵐」は部隊配備のみで終わった。

「晴嵐」は，海軍が1942年に示した十七試攻撃機の計画要求に応じて製作された高速攻撃機であり，常備排水量5,223トンの伊400型潜水艦に搭載して運用することが計画されていた。戦争の終結により，すべての作戦任務は終わったが，「晴嵐」は，第二次世界大戦中に製造された攻撃を任務とする潜水艦搭載機として，歴史に名を刻んだ。

海軍は，37,500海里の航続距離を誇る伊400型潜水艦に「晴嵐」を搭載して，アメリカ本土を直接攻撃することを想定していた。「晴嵐」は，伊400型潜水艦の密閉された格納庫に収納され，カタパルトで発進した。伊400型潜水艦は，当初は「晴嵐」を2機搭載できるように設計されていた。

結局，伊400型潜水艦は5隻計画されたが，完成したのは3隻であった。「晴嵐」も3機搭載できるように改修された。「晴嵐」は，フロート付きでカタパルトで発進するが，攻撃後は母艦付近に着水して乗員が収容される。

必要な条件

「晴嵐」（愛知航空機の社内符号はAM-24）は，従来からある低翼の単葉機であり，翼下の二つのフロートは，それぞれ広い一本の支柱で支えられている。愛知航空機の設計チームの主な挑戦は，潜水艦の格納庫に搬入できるような，簡単かつ堅牢な翼の折り畳み機構の設計であった。よく訓練された4人の整備兵は，最終的に，たった7分で「晴嵐」を展開して発進準備を終えることができた。

機体の折り畳み機構は，主翼は翼面を胴体に沿った形で付け根から後方に折り畳み，垂直尾翼と方向舵は上端部を右側へ折り畳み，水平尾翼と昇降舵は途中から下方へ折り畳んだ。夜間でも発進準備できるように，機体の可動部には蛍光塗料が塗られ

特殊攻撃機「晴嵐」（M6A1）

最大離陸重量：4,445kg
諸元：全長11.64m，全幅12.26m，全高4.58m
エンジン：離昇出力1,400馬力，愛知液冷直列「アツタ32」×1
速度：高度5,200mで時速475km
航続距離：1,190km
実用上昇限度：9,900m
武装：13mm×1（後上方），魚雷：800kg×1，爆弾:800kg×1，500kg×1，250kg×2
乗員：2名

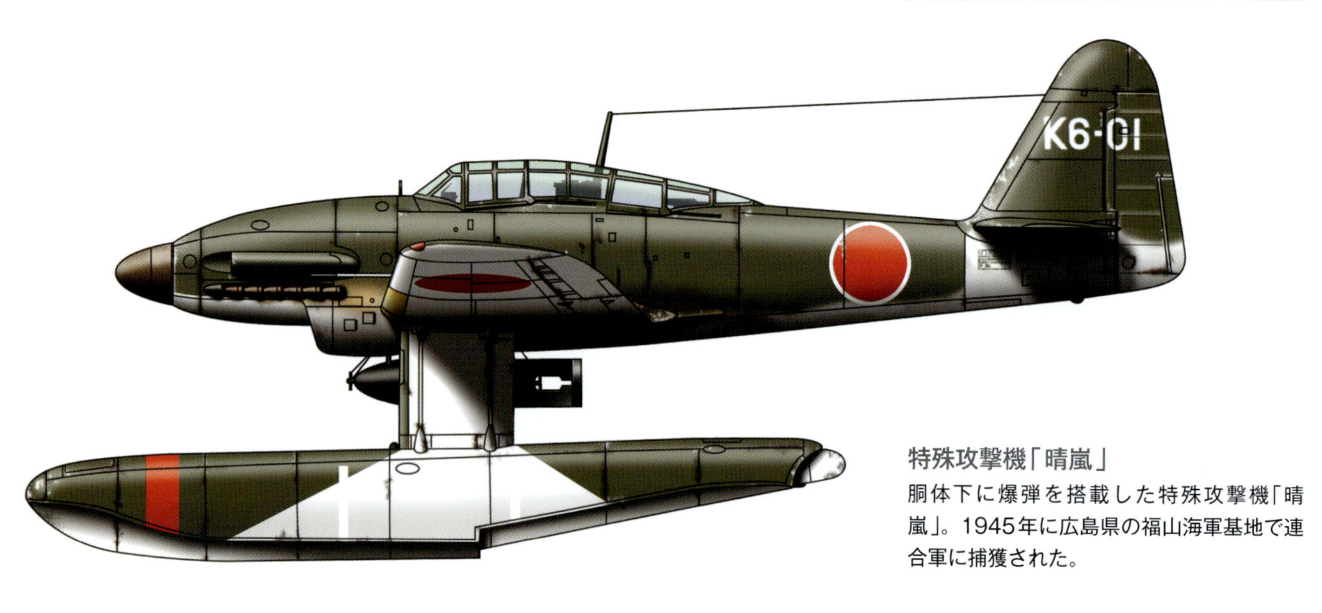

特殊攻撃機「晴嵐」
胴体下に爆弾を搭載した特殊攻撃機「晴嵐」。1945年に広島県の福山海軍基地で連合軍に捕獲された。

もし早期に，愛知航空機の特殊攻撃機「晴嵐」が実戦化されていれば，1941年12月の真珠湾攻撃への衝撃的な戦略的航空攻撃に参加して成果を挙げたであろう。「晴嵐」は日本の連合国への降伏間近になって，ようやく部隊に配備された。

ていた。その他の改善点としては，パイロットは，機体が攻撃態勢に入った場合は，すぐさまフロートを離脱させることができた。

「晴嵐」の試作機は1943年11月に完成し，エンジンは出力1,400馬力の愛知航空機の液冷直列「アツタ21」であった。試作機と増加試作機は合わせて8機完成した。

エンジンを「アツタ32」に換装した量産機は，20機生産された。武装は，後上方に13mm旋回銃1挺であり，爆装は，250kg爆弾2発，500kg爆弾か800kg爆弾各1発，800kg魚雷1発である。

海軍の当初の計画は，「晴嵐」でパナマ運河の閘門（こうもん）を攻撃することであった。しかし，1945年7月末に計画は変更され，3機の「晴嵐」を搭載した伊400潜水艦と伊401潜水艦に伊13潜水艦と伊14潜水艦で第1潜水隊を編成し，ウルシー環礁の米海軍艦艇の攻撃が計画された。伊13潜水艦と伊14潜水艦は先行して航空機をトラック島に輸送し，伊400潜水艦と伊401潜水艦はウルシー環礁に向かったが，ウルシー環礁の艦艇を攻撃する前に日本は終戦を迎えた。

搭乗員の訓練

「晴嵐」の唯一の派生型は，「アツタ32」エンジンを搭載した陸上型の晴嵐改「南山（なんざん）」，M6A1-Kであり，主脚は折り畳み式で，搭乗員の訓練に使用する予定であった。その他の変更点としては，垂直尾翼と方向舵は固定式にした。この派生型の「南山」は，たった2機しか製作されなかった。

伊400型潜水艦

日本海軍の伊400型潜水艦は，新たに策定された「改⑤計画」によって計画された潜水空母であり，合計で18隻の建造が予定されていた。伊400型潜水艦は，アメリカ西海岸の目標を攻撃できるよう，十分な航続能力を有していた。伊400型潜水艦は，公式には「潜特型」と呼ばれており，当時としては最大級の潜水艦であった。その特徴は，防水格納庫及び前方甲板に設置されたカタパルト発射装置である。最終的に，日本海軍は汎用型潜水艦の建造を優先することになり，伊400型潜水艦の建造計画は縮小された。結局，伊400型潜水艦は3隻のみが建造されたが，日本が防勢になるにつれ，潜水空母による攻撃任務は，その意義を失っていった。同じ構想によって，より小型の潜水空母伊13型潜水艦が建造された。

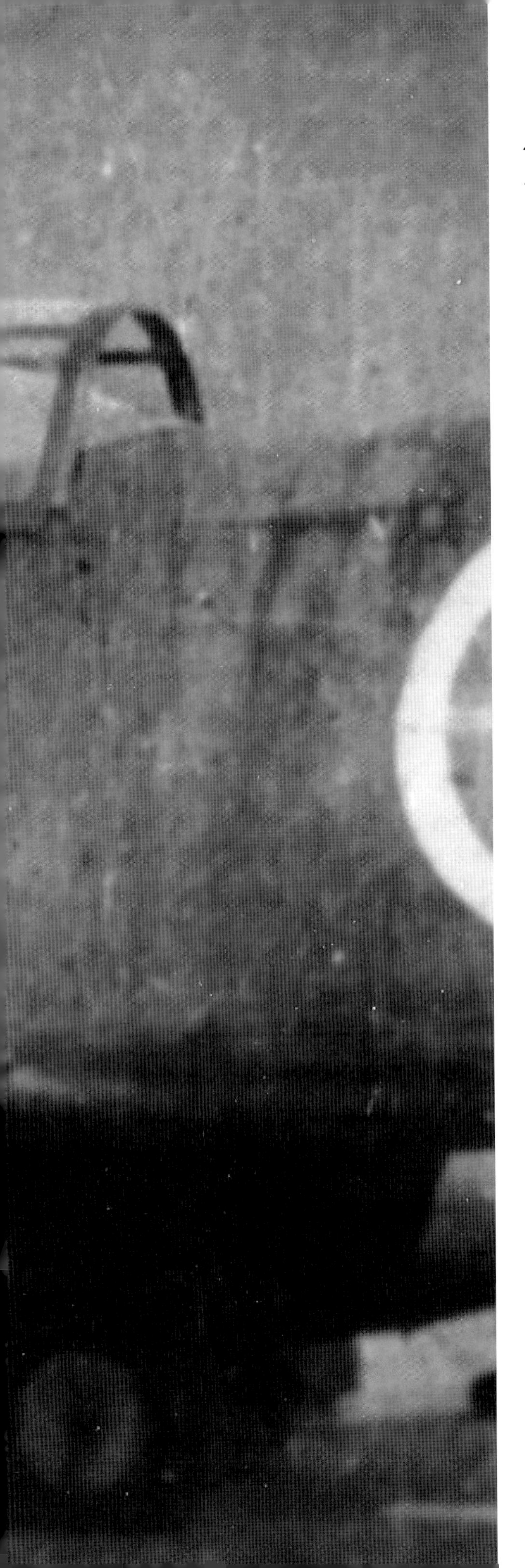

第5章
ロケット機とジェット機

日本はナチス・ドイツと同様に，ロケットとジェットの推進技術を活用したいくつかの軍用機の開発計画を進めていた。三菱重工業の「秋水（しゅうすい）」と中島飛行機の「橘花（きっか）」は，ドイツのオリジナル機（それぞれメッサーシュミットMe163とMe262）の技術を応用したものである。1944年10月に初飛行した，画期的な海軍航空技術廠の特別攻撃機「桜花（おうか）」は，独特の日本的背景によって開発されたもので，神風特別攻撃用の有人ミサイル機として戦争の行方を変えようとする虚しい努力の結果，誕生した機体であった。本章では，次のロケット機とジェット機を説明する。

・特別攻撃機「桜花」（海軍航空技術廠，MXY7）

・局地戦闘機「秋水」（三菱重工業，キ200，J8M）

・特別攻撃機「橘花」（中島飛行機）

ドイツのジェット戦闘機Me262を参考にして開発された「橘花」は，エンジンの推力が小さかったため，Me262よりも小型の機体となった。日本の敗北直前に，試作機が初飛行した。

特別攻撃機「桜花（おうか）」
（海軍航空技術廠,MXY7）

太平洋戦争は1944年に入って，絶望的な状況になってきたため，日本海軍は神風特別攻撃を大々的に実行しようとして，爆弾を搭載した特別攻撃用の有人機を開発した。

横須賀にある海軍航空技術廠で開発された「桜花」は，第二次世界大戦中に完成した軍用機の中で，最も常軌を逸した機体として知られている。日本海軍が神風特別攻撃に参加させるため，有人の「飛行爆弾」として正式に計画された戦略兵器「桜花」は，1944年8月に開発が始まった。海軍の指名を受けた海軍航空技術廠は，のちに太平洋戦域の連合軍が“バカ・ミサイル”と呼ぶようになる「桜花」の開発を始めた。日本もまた，誘導ミサイルの開発を進めたことは注目すべきことであり，誘導ミサイルは完成しなかったものの，信頼性の高い誘導技術は，「桜花」に反映された。

海軍航空技術廠が設計した特別攻撃機「桜花」一一型は，三菱重工業の一式陸上攻撃機二四丁型に懸架して攻撃できるよう計画された。

「桜花」の運用

一式陸上攻撃機は，「桜花」を目標から約37kmの地点まで運んで離脱する。「桜花」のパイロットは，固体燃料ロケットを点火させて推進し，ロケットが停止した後は滑空して目標に向かう。小型の機体と高速により，母機から発進した「桜花」は敵の防空網にとって，対処することは困難であった。しかし，一旦「桜

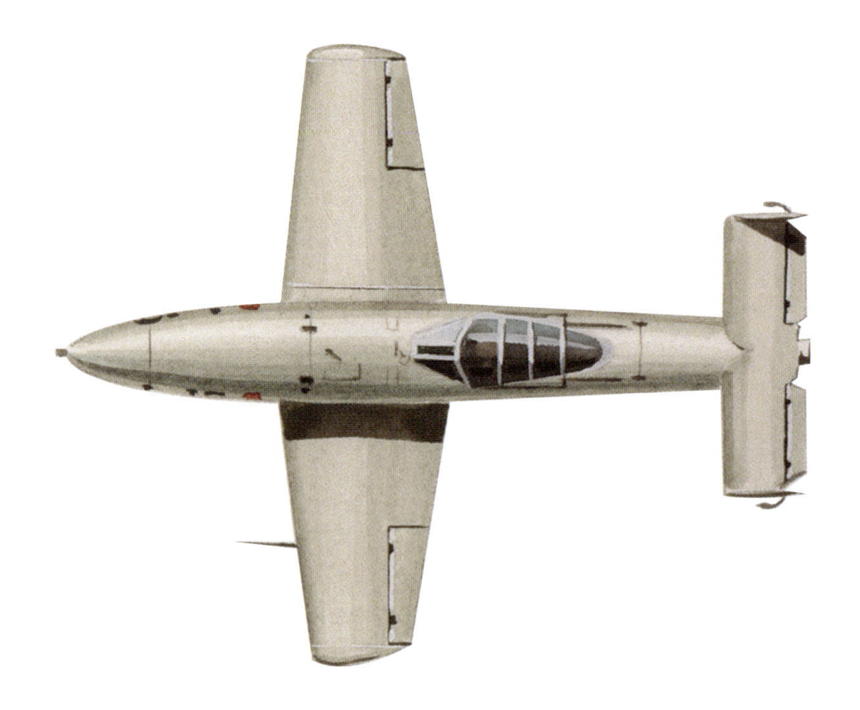

特別攻撃機「桜花」一一型
第721海軍航空隊の「桜花」が初出撃したのは，1945年3月であった。1か月後，アメリカ海軍の戦艦「ウエスト・バージニア」は「桜花」の攻撃で被害を受けた。

特別攻撃機「桜花」一一型（MXY7）
最大離陸重量：2,140kg
諸元：全長6.07m，全幅5.12m，全高1.16m
エンジン：静止推力800kg，個体燃料ロケット「4式1号20」×3
速度：高度3,500mで時速649km
航続距離：37km
実用上昇限度：不明
武装：弾頭1,200kg×1
乗員：1名

「桜花」の機首に内装された爆薬は1,200kgであり，衝突の衝撃で爆発する。

花」が敵機に捕捉されると，パイロットは積極的な回避行動はとれなかった。

母機から離脱した「桜花」のパイロットは，尾部にある3基のロケット推進装置に点火し，時速927kmまで加速した後に，目標から約4.8kmの地点で降下する。目標の軍艦に衝突すると，衝撃で弾頭が炸裂し，パイロットはその過程で死亡する。一旦ロケットが点火した「桜花」は，敵の防空網にとって，捕捉することは困難であり，戦闘機による迎撃は不可能であった。

「桜花」の生産

「桜花」は755機生産され，そのうちの45機は訓練用滑空機「桜花」K-1であった。その他の派生型として，海軍航空技術廠が開発した，陸上爆撃機「銀河(ぎんが)」に搭載できるよう機体を小型化した「桜花」二二型がある。「桜花」二二型は弾頭を小型化し，ジェットエンジンに換装して航続力を増大させた機体であり，50機生産された。「桜花」一一型の不具合を是正するため，別のジェットエンジンに換装した機体が「桜花」三三型であったが，終戦までに完成しなかった。

「桜花」三三型は「桜花」二二型の弾頭を増強し，中島飛行機の陸上攻撃機「連山(れんざん)」に搭載できるように改修された機体である。その他の完成しなかった派生型として，潜水艦から発射できるように翼を脱着式にした「桜花」四三甲型，陸上基地からカタパルトで発進する「桜花」四三乙型がある。

沖縄の読谷飛行場で連合軍に捕獲された「桜花」。初期の作戦では，攻撃が成功したこともあったが，母機が脆弱だったため，敵艦への接敵は困難が伴った。1945年4月12日に沖縄で，桜花は連合軍の艦艇を初めて撃沈した。

局地戦闘機「秋水(しゅうすい)」

（三菱重工業，キ200，J8M）

局地戦闘機「秋水」は，ドイツが製作したロケット推進式迎撃機メッサーシュミットMe163をモデルとした機体であり，日本に襲来するアメリカ陸軍航空軍のB-29「超空の要塞」の破壊的な爆撃を阻止するための迎撃機として期待されていた。

ロケット推進式の局地戦闘機「秋水」は，ドイツ在住の海軍駐在武官が，メッサーシュミットMe163B「コメート」の機体とロケットエンジンの製造権を手に入れ，日本に持ち帰った資料を基に製作されたものである。

Me163の模倣

Me163の資料は，潜水艦で移送中に大部分が失われたため，日本に持ち帰ることができたのは，機体3面図，ロケット燃料成分表，燃料噴射弁試験速報，実況見分調書のみであった。日本海軍は，この少ない資料を基に，日本独自の技術を加えて「秋水」を開発した。

1944年6月，日本海軍は十九試局地戦闘機の仕様書を提示し，設計と製作を三菱重工業に命じた。この計画は，陸海軍が共同して行うことになり，陸軍はキ200，海軍はJ8Mを付与した。

「秋水」は，1944年9月にモックアップ審査を受けたが，海軍航空技術廠は別に搭乗員の訓練用として，全木製の軽滑空機「秋草(あきぐさ)」を製作した。「秋草」の初飛行は1944年12月であり，飛行試験は成功した。「秋草」は，終戦までに50～60機生産された。エンジンと武装を外し，「秋水」の実機と同じ重量にした重滑空機「秋草」も2機生産された。

ロケットエンジンの開発

ロケットエンジンの「特呂二号」は，三菱重工業が開発を担当した。「特呂二号」を搭載した「秋水」は，1945年7月に初飛行したが，離陸直後に起きたエンジントラブルにより不時着し，大破したため，そのまま終戦を迎えた。

「秋水」の派生型として，滑空機「秋草」にダクティドファン式ジェットエンジンを搭載した練習機の「秋花(しゅうか)」があるが，計画のみに終わった。

局地戦闘機「秋水」（J8M1）
全備重量：3,885kg
諸元：全長5.95m，全幅9.50m，全高2.70m
エンジン：静止推力1,500kg，液体燃料ロケット「特呂二号」×1
速度：高度10,000mで時速900km
航続距離：5分30秒（ロケット推進時）
実用上昇限度：12,000m
武装：30mm×2（J8M1），30mm×1（J8M2，燃料増加時）
乗員：1名

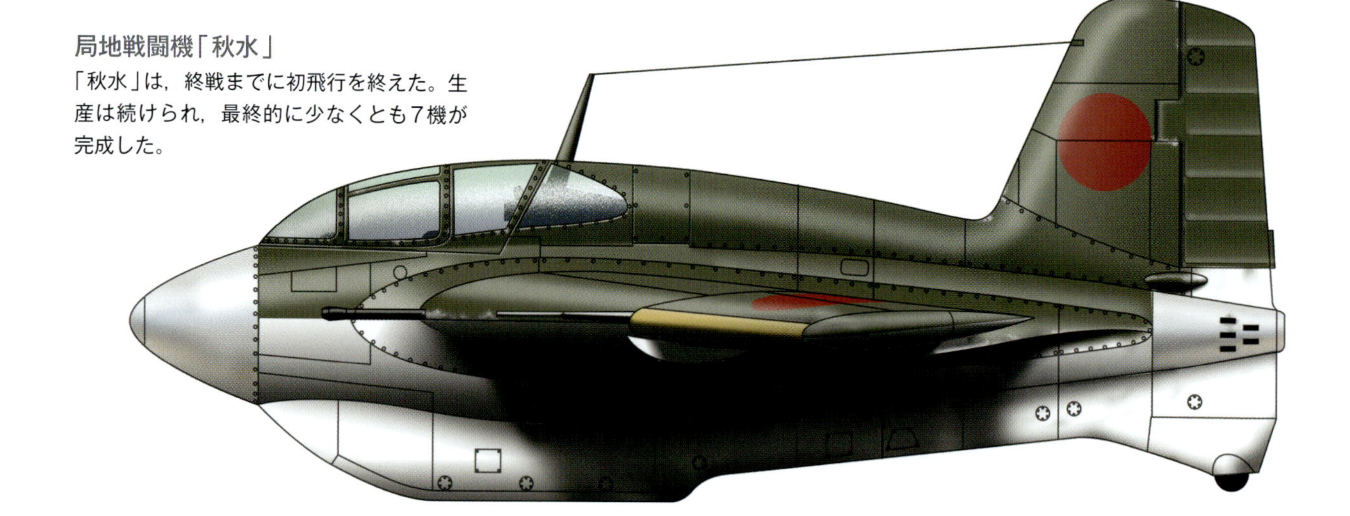

局地戦闘機「秋水」
「秋水」は，終戦までに初飛行を終えた。生産は続けられ，最終的に少なくとも7機が完成した。

特別攻撃機「橘花(きっか)」（中島飛行機）

ドイツがメッサーシュミットMe262を開発したことに着想を得て，海軍が同様のジェット機を開発して完成した機体が，中島飛行機の特別攻撃機「橘花」である。「橘花」は，日本が第二次世界大戦中に完成させ，初飛行した唯一のジェット機である。

特別攻撃機「橘花」
「橘花」の試作機は，計画が終了する前に1機が完成したが，増加試作機は未完成だった。

ベルリン駐在の海軍駐在武官が作成した，ドイツが開発中であったMe262ジェット戦闘機のレポートを見た日本海軍は，同様のジェット機の開発を決定した。設計と製作は中島飛行機が命ぜられた。運用要求は単座の爆撃機で，胴体下に500kgまたは800kg爆弾を1発搭載し，速度は時速695km，戦闘行動半径は204kmであった。

「橘花」の開発は1944年9月から始まり，海軍航空技術廠の指導のもと，中島飛行機の松村健一(まつむらけんいち)技師を主任とし，大野和男(おおのかずお)技師らが協力して設計試作が始まった。「橘花」の形状は，メッサーシュミットMe262と同様のエンジンの翼下懸架型であったが，エンジンの推力が小さかったため，機体のサイズは一回り小さかった。

当初，「橘花」に搭載を予定されていたエンジンは，推力200kgの「ネ11」ダクトフロウ・エンジンであったが，「橘花」試作機には，推力340kgの「ネ12B」エンジン2基が搭載された。まもなくして，推力475kgの「ネ20」ターボジェット・エンジンに換装された。このエンジンは，ドイツ製のBMW003Aエンジンの写真を見て設計したものであった。

「ネ20」エンジンは，「ネ12B」エンジンよりも機体に適合していたが，離陸時の推力に問題があり，離陸補助ロケットを必要とした。離陸補助ロケットの推力は450kgであった。

不運な門出

「橘花」の初飛行は1945年8月7日であり，高岡迪(たかおかすすむ)中佐の操縦により，12分間飛行した。8月12日に木更津航空基地で2回目の飛行が行われたが，高岡迪中佐が離陸補助ロケット（RATO）の燃焼終了による加速度の減少を，エンジン不調と勘違いしたため，離陸滑走中にオーバーランして擱座(かくざ)し，機体を修理中に終戦を迎えた。

「橘花」試作2号機は完成していたが，1945年8月15日に終戦を迎えたことにより，「橘花」の開発計画は中止された。追加試作機と増加試作機は18機製造中であったが，いずれも未完成であった。「橘花」の派生型として，偵察型，迎撃型，訓練型が計画されていた。第3の派生型として，複座型があった。

特別攻撃機「橘花」（初度試作機）
最大離陸重量：4,080kg
諸元：全長8.13m，全幅10.00m，全高2.95m
エンジン：静止推力475kg，軸流式ターボジェット「ネ20」×2
速度：高度10,000mで時速697km
航続距離：940km
実用上昇限度：12,000m
爆装：500kg×1，800kg×1
乗員：1名

データ一覧

・機種，派生型，生産数

・連合軍コードネーム

・日本陸海軍機の命名法

・日本海軍航空隊の略符号制度

機種，派生型，生産数

前章までに説明したすべての日本機，派生型，各型の年代順のリスト，生産数，主要な機体構成を記述する。合わせて，連合軍コードネーム，メーカーの社内名称，日本軍の名称を記述する。

1：陸上爆撃機と偵察機

九六式陸上攻撃機（三菱重工業，G3M，“ネル”）

カ15：社内試作機であり，1935年から1936年に21機生産された。

九六式陸上攻撃機一一型：量産型であり，1936年から1937年に34機生産された。エンジンは三菱重工業の「金星3」である。

九六式陸上攻撃機二一型：量産型であり，1937年から1939年に343機生産された。エンジンは三菱重工業の「金星41」か「金星42」であり，燃料が増加されている。

九六式陸上攻撃機二二型：量産型であり，1939年から1941年に三菱重工業で238機生産された。1941年から1943年に中島飛行機でも生産された。

九六式陸上攻撃機は，当初，設計を担当した三菱重工業だけでなく，中島飛行機でも製作された。九六式陸上攻撃機は，太平洋戦争中のほとんどの第一線機と同様に，いくつかの改修を続けたが，最終生産型は，引き続き中島飛行機が生産した。一方，三菱重工業は，後継機の一式陸上攻撃機の生産に集中した。

九六式陸上攻撃機二三型：量産型であり，1941年から1943年に中島飛行機で生産された，エンジンと武装を強化した量産型である。中島飛行機で二二型と合わせて412機生産された。

また，九六式陸上攻撃機一一型の輸送機型が九六式陸上輸送機一一型であり，九六式陸上攻撃機二一型の輸送機型が九六式陸上輸送機二一型である。

九七式司令部偵察機（三菱重工業，キ15，“バブス”）

九七式司令部偵察機一型，二型，三型：1936年から1940年に439機生産された。一型は日本陸軍の初期生産型であり，エンジンは中島飛行機の「ハ8」である。二型のエンジンは三菱重工業の「ハ26-I」である。三型のエンジンは三菱重工業の「ハ102」で試作機のみ生産された。

九八式陸上偵察機一一型：海軍の量産機である。九七式司令部偵察機二型のエンジンを三菱重工業の「瑞星（ずいせい）」に換装した機体であり，1938年に20機生産された。

九八式陸上偵察機一二型：海軍の量産機である。九七式司令部偵察機二型のエンジンを中島飛行機の「栄（さかえ）12」に換装した機体であり，1940年に30機生産された。

九七式重爆撃機（三菱重工業，キ21，“サリー”）

九七式重爆撃機：試作機と実用試験機であり，1936年から1938年に8機生産された。エンジンは中島飛行機の「ハ5」である。

九七式重爆撃機一型甲：量産型であり，1938年から1939年に143機生産された。

九七式重爆撃機一型乙：量産型であり，1939年から1940年に120機生産された。武装を強化し，爆弾倉を拡大した。

九七式重爆撃機一型丙：量産型であり，1940年に160機生産された。燃料容量を増加し，武装を強化した。

九七式重爆撃機二型：実用試験機であり，1940年に4機生産された。エンジンは三菱重工業の「ハ101」である。

九七式重爆撃機二型甲：量産型であり，1940年から1942年に590機生産された。武装は九七式重爆撃機一型丙と同様である。

九七式重爆撃機二型乙：量産型であり，1942年から1944年に688機生産された。二型甲とほぼ同様の仕様だが，武装と防弾装備が強化された。中島飛行機では，1938年から1941年にかけて九七式重爆撃機二型甲，乙，丙の各型合わせて合計351機生産された。

MC-21：九七式重爆撃機一型の武装や装備を取り除き，輸送機として大日本航空に払い下げた機体である。

九七式軽爆撃機（三菱重工業，キ30，“アン”）

九七式軽爆撃機：試作機であり，1937年に2機生産された。

九七式軽爆撃機：実用試験機であり，1937年から1938年に16機生産された。

九七式軽爆撃機：量産型であり，1938年から1940年に三菱重工業で618機生産され，1939年から1941年に陸軍航空工廠で68機生産された。

九九式襲撃機（三菱重工業，キ51，“ソニア“）

九九式襲撃機：試作機であり，1939年に2機生産された。

九九式襲撃機：実用試験機であり，1939年に11機生産された。

九九式襲撃機：増加試作機であり，1940年から1944年に三菱重工業で1,459機生産され，1941年から1945年に陸軍航空工廠で913機生産された。一部を九九式軍偵察機に改修している。

キ71：九九式襲撃機の性能を向上させて軍偵察機に改修した機体であり，満洲飛行機製造で3機生産された。

九九式双発軽爆撃機（川崎航空機，キ48，“リリィ”）

九九式双発軽爆撃機：試作機であり，1939年に4機生産された。

九九式双発軽爆撃機：増加試作機であり，1940年に5機生産された。

九九式双発軽爆撃機一型：初期生産型であり，1940年から1942年に557機生産された。前期生産型は一型甲であり，装備を換装し，機体を強化した後期生産型が一型乙である。

九九式双発軽爆撃機二型：試作機であり，1942年に3機生産された。燃料タンクの対弾性を高め，機体の強度を強化し，エンジンを中島飛行機「ハ115」に換装した。

九九式双発軽爆撃機二型：量産型であり，1942年から1944年に1,408機生産された。二型甲は一型甲と同様の武装だが，爆弾倉を拡張した。二型乙は一型甲と同様だが，急降下ブレーキを装備した。九九式双発軽爆撃機の派生型として機体と武装を強化した型がキ81試作機であり，その単座型がキ174試作機である。

百式重爆撃機「呑龍（どんりゅう）」（中島飛行機，キ49，“ヘレン”）

百式重爆撃機：試作機であり，1939年に3機生産された。エンジンは中島飛行機の「ハ5」または「ハ41」である。

百式重爆撃機：増加試作機であり，1940年に7機生産された。

百式重爆撃機一型：量産型であり，1941年から1942年に129機生産された。エンジンは中島飛行機の「ハ41」である。

百式重爆撃機二型：試作機であり，1942年に2機生産された。エンジンは中島飛行機の「ハ109」である。

百式重爆撃機二型：量産型であり，中島飛行機で1942年から1944年に617機生産された。陸軍航空工廠で1943年から1944年に50機生産された。二型には通常型の二型甲と武装強化型の二型乙がある。

百式重爆撃機三型：試作機であり，1943年に6機生産された。エンジンは中島飛行機の「ハ117」である。

キ58：百式重爆撃機二型の爆装を取り去って武装を強化した翼端援護機の試作機である。1940年から1941年に3機生産された。エンジンは中島飛行機の「ハ117」である。

キ80：武装を強化した指揮官機の試作機である。1941年に2機生産された。

百式司令部偵察機（三菱重工業，キ46，“ダイナ”）

百式司令部偵察機，百式司令部偵察機一型：試作機及び増加試作機であり，1939年から1940年に34機生産された。エンジンは三菱重工業の「ハ21-I」である。

百式司令部偵察機二型：量産型であり，1940年から1944年に1,093機生産された。エンジンは三菱重工業の「ハ102」である。派生型として教官席を追加して三座とした通信／航法用訓練機の二型改が少数生産された。

百式司令部偵察機三型：試作機であり，1942年に2機生産された。

百式司令部偵察機三型甲：量産型であり，1942年から1945年までに609機生産された。派生型として迎撃戦闘機に改修された三型乙がある。

百式司令部偵察機四型：試作機であり，1943年から1944年に4機生産された。エンジンは三菱重工業の「ハ112ル」である。

一式陸上攻撃機（三菱重工業，G4M，“ベティ”）

十二試陸上攻撃機：初度試作機であり，1939年から1940年に2機生産された。エンジンは三菱重工業の「火星11」である。

十二試陸上攻撃機改：翼端援護機であり，1940年に30機生産された。少数機が一式陸上練習機一一型，または一式陸上輸送機一一型に改修された。

一式陸上攻撃機一一型：三菱重工業の「火星11」エンジンを搭載している前期生産型は1941年から1944年に1,200機生産された。三菱重工業の「火星15」エンジンに換装したのが後期生産型であり，高高度での性能を向上させている。

一式陸上攻撃機二二型：エンジンを三菱重工業の「火星21」に換装し，胴体と主翼を再設計した量産型である。1942年から1945年まで1,154機生産された。旋回機銃を変更し，捜索レーダーを追加した二二甲型，旋回機銃を機種変更した二二乙型がある。エンジンを三菱重工業の「火星25」に換装した型が二四型で，二二甲型及び二二乙型に準じた改修を施した二四甲型及び二四乙型，二四乙型の機銃を変更して空中レーダーを搭載した二四丙型がある。爆弾倉を特別攻撃機「桜花」一一型を搭載できるよう改修し，燃料タンクや操縦席の防弾装備を強化した型が二四丁型である。

一式陸上攻撃機三四型：最終生産型であり，1943年から1945年に60機生産された。防漏式燃料タンクを装備し，装甲を強化した型である。

その他の試作機として，二五型，二六型，二七型，三六型があるが，いずれも少数の生産で終わった。

日本海軍の整備兵が一式陸上攻撃機に魚雷を搭載している。一式陸上攻撃機は，1941年から1944年まで合計で1,200機が生産された。前期生産型に一一型，そしてよく似た一二型がある。

四式重爆撃機「飛龍」（三菱重工業，キ67，“ペギィ”）

四式重爆撃機「飛龍」：試作機と量産型であり，三菱重工業で606機，川崎航空機で91機，陸軍航空工廠で1機生産された。これらの機体には，対艦ミサイルの母機として改修された無線誘導弾発射機，機首に75mm砲を搭載した特殊防空戦闘機キ109がある（22機製造）。

2：陸上戦闘機

九七式戦闘機（中島飛行機，キ27，“ネイト”）

PE実験機：初度試作機であり，1936年に1機生産された。

九七式戦闘機：試作機であり，1936年に2機生産された。

九七式戦闘機：増加試作機であり，1937年に10機生産された。

九七式戦闘機甲型，九七式戦闘機乙型：量産型であり，二式高等練習機を含み，中島飛行機で1937年から1942年に2,005機生産された。そして，満洲飛行機

独立飛行第84中隊のマーキングを施した中島飛行機の九七式戦闘機。中国，フランス領インドシナ，1941年。コクピット下の鷹は同中隊の部隊章である。

製造で1,319機，立川飛行機で60機生産された。初期生産型の甲型は，キャノピーはファストバック型であるが，後期生産型の乙型は水滴型である。

九七式戦闘機改：木造の軽量実験機であり，1940年に2機生産された。

一式戦闘機「隼(はやぶさ)」(中島飛行機，キ43，"オスカー")

一式戦闘機：試作機であり，1938年から1939年に3機生産された。エンジンは中島飛行機の「ハ25」である。

一式戦闘機：実用試験機であり，1939年から1940年に10機生産された。

一式戦闘機一型：初度生産型であり，1941年から1943年に中島飛行機で716機生産された。派生型に，武装によって一型甲，一型乙，一型丙がある。

一式戦闘機二型：試作機であり，1942年に5機生産された。エンジンを換装し，防漏式燃料タンクを採用している。

一式戦闘機二型：実用試験機であり，1942年に3機生産された。

一式戦闘機二型：エンジンを中島飛行機の「ハ115」に換装し，プロペラを2翅(し)から3翅に換装した性能向上型である。1942年から1944年までに2,491機生産された。派生型の二型甲は，一型丙の武装に加え，胴体下に爆弾ラックを増設している。二型乙は装備の一部を改修した機体である。二型改は二型甲と二型乙の改修型である。

一式戦闘機二型：生産型であり，陸軍航空工廠で1942年から1943年に49機生産された。上記を参照のこと。

一式戦闘機三型甲：試作機であり，1944年から1945年に10機生産された。通称は三型改であり，エンジンは中島飛行機の「ハ115-II」に換装している。

一式戦闘機二型，一式戦闘機三型甲：量産型であり，1943年から1945年に陸軍航空工廠で2,629機生産された。

一式戦闘機一型丙の白帯の上に描いた赤い稲妻のモチーフは，飛行第50戦隊第2中隊機を示している。主翼前縁の識別盤はオレンジ色である。

一式戦闘機三型乙：迎撃機型試作機であり，1945年に陸軍航空工廠で2機生産された。エンジンは三菱重工業の「ハ112」であり，胴体下の懸吊架は二型甲と同様である。

二式単座戦闘機「鍾馗」
（中島飛行機，キ44，“トージョー”）

二式単座戦闘機：初度試作機であり，1940年から1941年に3機生産された。エンジンは中島飛行機の「ハ41」である。

二式単座戦闘機：増加試作機であり，1941年に7機生産された。

二式単座戦闘機一型：生産型であり，1942年に40機生産された。初度生産型の一型甲は一型と同様である。一型乙は武装を強化した型であり，一型丙は胴体を改修した型である。

二式単座戦闘機二型：試作機であり，1942年に5機生産された。エンジンは中島飛行機の「ハ109」に換装した。

二式単座戦闘機二型：増加試作機であり，1942年に3機生産された。

二式単座戦闘機二型，三型：量産型であり，1942年から1944年に1,167機生産された。初度生産型の二型甲の武装は一型甲と同様である。

二式単座戦闘機二型乙：主な量産型で，武装は一型乙と同様である。

二式単座戦闘機二型丙：武装強化型である。

二式単座戦闘機三型甲：エンジンを中島飛行機の「ハ145」に換装し，武装を強化した型である。

二式単座戦闘機三型乙：さらに武装を強化した最終生産型である。

二式複座戦闘機「屠龍」
（川崎航空機，キ45，“ニック”）

キ45：初度試作機であり，1939年に3機生産された。エンジンは中島飛行機の「ハ20乙」である。

キ45：追加試作機であり，1940年から1941年に8機生産された。エンジンは中島飛行機の「ハ25」である。

キ45改：追加試作機であり，1941年に3機生産された。エンジンは中島飛行機の「ハ25」である。

キ45改：増加試作機であり，1941年に12機生産された。

二式複座戦闘機甲型，乙型：量産型であり，1942年から1943年にかけて川崎航空機岐阜工場で生産された。甲型，乙型は1942年から1945年にかけて川崎航空機明石工場で生産された。二式複座戦闘機の川崎航空機での生産機数は合計で1,690機である。

二式複座戦闘機丙型：1944年に川崎航空機明石工場で477機生産された。

キ45改-Ⅱ：三菱重工業の「ハ112-Ⅱ」エンジンを搭載した能力向上型であり，川崎航空機は，のちにキ45改-Ⅱを基礎として双発単座戦闘機キ96を開発したが，試作機のみで終わった。

夜間戦闘機「月光」
（中島飛行機，J1N，“アービング”）

十三試双発陸上戦闘機：初度試作機であり，1941年に2機生産された。

十三試双発陸上戦闘機：試作機であり，1941年から1942年に7機生産された。長距離偵察型である。十三試双発陸上戦闘機の長距離偵察機への改修型が二式陸上偵察機である。十三試双発陸上戦闘機に斜銃を装備した試作機が夜間戦闘機型であり，のちに「月光」一一型として制式に採用された。

三式戦闘機「飛燕」（川崎航空機，キ61，“トニー”）

キ61：初度試作機であり，1941年から1942年に12機生産された。

三式戦闘機一型甲：初期生産型であり，一型は1942年から1944年に1,380機生産された。武装を強化した型が一型乙と一型丙である。さらに武装を強化した量産型の一型丁は，1944年から1945年に1,274機生産された。

三式戦闘機二型：試作機であり，1943年から1944年に8機生産された。翼面積を増加し，エンジンを川崎航空機の液冷直列「ハ140」に換装した。

三式戦闘機二型：試作機と増加試作機であり，1944年に30機生産された。一型の主翼を改修し，尾翼を再設計した機体である。

三式戦闘機二型：量産型であり，1944年から1945年に374機生産された。そのうちの275機は五式戦闘機（102ページを参照）に改修された。初期生産型の二型甲は一型丙と同様である。二型乙は武装を改修した型である。

三式戦闘機三型：改良型として試作機が1機生産された。

局地戦闘機「雷電（らいでん）」
（三菱重工業, J2M, “ジャック”）

十四試局地戦闘機：初期試作機であり，3機生産された。エンジンは三菱重工業の「火星13」である。

局地戦闘機「雷電」一一型：151機生産された。エンジンは三菱重工業の「火星23甲」である。

「雷電」二一型：生産型で武装強化型であり，260機生産された。

「雷電」二一型甲：武装強化型である。

「雷電」二一型甲：生産型であり，21機生産された。

「雷電」三二型：排気タービン付き過給機エンジンを搭載した高高度型で，2機生産された。

「雷電」三三型：34機生産された。エンジンを三菱重工業の「火星26」に換装した。

「雷電」三三型甲：武装強化型である。

「雷電」三一型：1機生産された。コクピットを改良して視界を改善したこと以外は二一型と同様である。

「雷電」は三菱重工業で476機生産された。三三型は第二十一海軍航空廠で生産された。

局地戦闘機「紫電（しでん）」
（川西航空機, N1K-J, “ジョージ”）

「紫電」一一型：初度試作機であり，1942年から1943年に9機生産された。エンジンは中島飛行機の「誉（ほまれ）11」である。

「紫電」一一型：量産型であり，1943年から1944年に川西航空機鳴尾製作所で530機，姫路製作所で468機生産された。エンジンは中島飛行機の「誉11」である。一一甲型と一一乙型は武装強化型であり，一一丙型は戦闘爆撃機型である。

「紫電」二一型（紫電改）：試作機であり，1943年から1944年に8機生産された。「紫電」一一型からの改修は，中翼から低翼への変更，胴体の延長，尾翼の再設計，胴体断面の形状の変更である。

「紫電」二一型（紫電改）と「紫電」練習機：量産型であり，1944年から1945年に川西航空機鳴尾製作所で351機生産された。「紫電」二一型は1945年に姫路製作所で42機生産された。「紫電」二一型の追加生産は，三菱重工業（1945年に9機），愛知航空機（1945年に1機），昭和飛行機（1945年に1機），第十一海軍航空廠（1945年に1機），第二十一海軍航空廠（1945年に10機）である。「紫電」二一型は「紫電」一一乙型を再設計した機体であり，「紫電」練習機は複座の練習機である。

「紫電」三一型：試作機であり，1945年に2機生産された。エンジンを前方に移動して胴体に機銃を増設した。「紫電」三一型を改修した空母艦載機型の試製「紫電改」二は未完であった。

試製「紫電改」三：試作機であり，1945年に2機生産された。エンジンは中島飛行機の「誉23」である。武装は「紫電」三一型と同様である。

試製「紫電改」四：空母艦載型試作機であり，1945年に1機生産された。

試製「紫電改」五：試作機であり，1機がほぼ完成していたが，アメリカ陸軍航空軍の空襲で破壊された。エンジンは三菱重工業「ハ43-11」である。

四式戦闘機「疾風（はやて）」
（中島飛行機, キ84, “フランク”）

キ84：初度試作機 であり，1943年に2機生産された。

キ84：実用試験機であり，1943年から1944年に83機生産された。

キ84：増加試作機であり，1944年に42機生産された。

「疾風」一型と「疾風」二型：量産型であり，1944年から1945年に3,288機生産された。さらに，「疾風」一型は満洲飛行機製造で94機生産された。初期生産型の「疾風」一型甲の武装は試作機や増加試作機と同様である。「疾風」一型乙と「疾風」一型丙は武装改良型である。「疾風」二型は機体の一部を木製化した機体であるが，計画のみに終わった。

キ113：試作機であり，「疾風」の機体の大半を鋼製化した型。中島飛行機で1944年に1機生産された。

キ116：試作機であり，1945年に満洲飛行機製造で1機生産された。「疾風」の標準型である一型甲のエンジンを軽量の三菱重工業の「ハ33」に換装した性能向上型である。

キ106：試作機であり，1945年に立川飛行機で3機製作された。機体の大半を木製化した機体である。

五式戦闘機（川崎航空機，キ100）

五式戦闘機：試作機であり，1945年に3機生産された。三式戦闘機二型の液冷エンジンを空冷の三菱重工業の「ハ112-Ⅱ」エンジンに換装した機体である。

五式戦闘機一型甲：量産機であり，1945年に272機生産された。三式戦闘機二型を改修した機体である。

五式戦闘機一型乙：量産機であり，1945年に106機生産された。三式戦闘機三型の後部胴体を短縮し，涙滴型キャノピーに換装した機体である。

五式戦闘機二型：試作機であり，1945年に3機生産された。エンジンを三菱重工業の排気タービン付き過給機エンジン「ハ112-Ⅱル」に換装した機体である。

3：空母艦載機

九四式艦上爆撃機（愛知航空機，D1A，“スージー”）

九四式艦上爆撃機：試作機，生産機であり，1934年から1937年に162機生産された。エンジンは中島飛行機の「寿2改1」である。

九六式艦上爆撃機：試作機，量産型であり，九四式艦上爆撃機を改良した機体である。1936年から1940年に428機生産された。エンジンは中島飛行機の「光1」であり，大型のエンジンカウリングを採用し，主脚へ車輪覆いを装着し，風防が強化された。

九六式艦上戦闘機（三菱重工業，A5M，“クロード”）

九試単座戦闘機：初度試作機であり，1935年から1936年に6機生産された。

九六式一号艦上戦闘機，九六式二号艦上戦闘機，九六式三号艦上戦闘機，九六式四号艦上戦闘機：量産型であり，1936年から1940年に782機生産された。その他，九六式四号艦上戦闘機は1939年から1942年に九州飛行機で39機生産され，第二十一海軍航空廠で161機生産された。九六式一号艦上戦闘機のエンジンは中島飛行機の「寿2改1」であり，それは，九六式二号一型艦上戦闘機の中島飛行機の「寿3」，九六式二号二型艦上戦闘機の中島飛行機の「寿3」とほぼ同様である。九六式三号艦上戦闘機を改造し，イスパノ・スイザ12Xcrs液冷エンジンを搭載した実験機が2機生産された。九六式四号艦上戦闘機は量産型である。

二式練習戦闘機：座席をタンデム複座型に改修した練習機であり，1942年から1944年に第二十一海軍航空廠で103機生産された。

この二つの図は，1945年に日本本土防空に任ぜられた四式戦闘機一型甲「疾風」である。飛行第47戦隊の機体であり，この戦隊は，かつて沖縄の防衛のために「隼」と「鍾馗」を装備していた。

キ18：試作機であり，1935年に1機生産された。九試単座戦闘機と同様である。陸軍が使用することを計画していた機体である。

キ33：試作機であり，1936年に2機生産された。機体を改良し，エンジンを換装した。陸軍が使用することを計画していた機体である。

九七式艦上攻撃機（中島飛行機，B5N，“ケイト”）

九七式艦上攻撃機一一型，九七式練習用攻撃機一一型

九七式艦上攻撃機一二型：試作機，量産機であり，1936年から1941年に669機生産された。さらに，一二型は1942年から1943年に愛知航空機で200機，1942年から1943年に第二十一海軍航空工廠で280機生産された。九七式艦上攻撃機一一型は初度生産型であり，より強力なエンジンに換装した型が九七式艦上攻撃機一二型である。一部の九七式艦上攻撃機一一型は，練習用攻撃機に改修された。

この平面図は，1941年に空母「蒼龍」で運用されていた九六式艦上戦闘機“クロード”。

九九式艦上爆撃機（愛知航空機，D3A，“ヴァル”）

十一試艦上爆撃機：試作機であり，1937年から1938年に2機生産された。

九九式艦上爆撃機：実用試験機であり，1939年に6機生産された。

九九式艦上爆撃機一一型：量産型であり，1938年から1942年に470機生産された。

九九式艦上爆撃機一二型：1942年に1機生産された。エンジンを三菱重工業の「金星54」に換装し，燃料を増加し，後部の風防を改良した。

九九式艦上爆撃機二二型：一二型の量産型であり，1942年から1944年に愛知航空機が815機生産し，さらに1942年から1945年に昭和飛行機工業が201機生産した。

その後，九九式艦上爆撃機と二二型の一部の機体を九九式練習用爆撃機一二型に改修した。

零式艦上戦闘機「零戦（れいせん）」（三菱重工業，A6M，“ジーク”）

（零式艦上戦闘機の細部は，R・J・フランシロン著『太平洋戦争における日本軍航空機』に記載された日本の年次報告を参考にした）

零式艦上戦闘機：単座艦上戦闘機，単座陸上戦闘機であり，三菱重工業で3,879機，中島飛行機で6,570機，合計で10,449機生産された。

零式艦上戦闘機一年ごとの生産数：

1939年から1942年に三菱重工業で722機，中島飛行機で115機生産された。

1942年から1943年に三菱重工業で729機，中島飛行機で960機生産された。

1943年から1944年に三菱重工業で1,164機，中島飛行機で2,268機生産された。

1944年から1945年に三菱重工業で1,145機，中島飛行機で2,342機生産された。

1945年の4月から8月までに三菱重工業で119機，中島飛行機で885機生産された。

零式艦上戦闘機二一型：試作機の一一型は2機生産された。エンジンは三菱重工業の「瑞星13」である。初度生産型は一一型で，エンジンは中島飛行機の「栄12」である。22機目から桁を成形した。65機目から手動で主翼端を折り畳める機構を採用し，二一型となった。

零式艦上戦闘機三二型：エンジンを中島飛行機の「栄21」に換装し，主翼端の折り畳み部を切り落として翼端が四角になった型である。主翼を二一型と同じ翼幅に戻し，翼端折り畳み機構も復活させた型が二二型である。零式艦上戦闘機四二型も開発したが，完成しなかった。

零式艦上戦闘機五二型：二二型の性能向上型であり，翼端を再び短縮して円形に整形し，排気管をまとめて推力式単排気管に改修し，燃料タンクに自動消火装置を付加した。派生型の五二甲型は主翼の外皮を厚くし，機関銃を改良した。五二乙型は武装強化型で機関銃を換装し，風防を防弾ガラスにし，座席の後部に防弾鋼板を装備可能とした。五二丙型はさらに武装と防弾装備を強化した型で，機関銃を強化し，操縦員頭部保護用の防弾ガラスを追加し，燃料タンクを増設し，小型爆弾の懸吊装置を取り付けた。

零式艦上戦闘機五三丙型：五二丙型のエンジンを水メタノール噴射装置付きの中島飛行機の「栄31」に換装し，胴体下と翼下に増加燃料タンクを装備できるようにした。

零式艦上戦闘機六三型：五三型の急降下爆撃型である。

零式艦上戦闘機六四型：エンジンを水メタノール噴射装置付きの三菱重工業の「金星62」に換装し，武装を変更し，防御能力を向上させた。

零式練習用戦闘機一一型：二一型を複座に改装した練習用戦闘機で，1943年から1945年に第二十一海軍航空廠で236機，1944年から1945年に日立航空機で272機生産された。

零式練習用戦闘機二二型：五二型を複座に改装した練習用戦闘機であるが，生産準備中に終戦を迎えた。

艦上爆撃機「彗星(すいせい)」
（海軍航空技術廠，D4Y，“ジュディ”）

十三試艦上爆撃機：初度試作機であり，1940年から1941年に5機生産された。

「彗星」一一型：量産型であり，1942年から1944年に660機生産された。派生型として，偵察型の二式艦上偵察機一一型，カタパルト発進できるように機体構造を強化した「彗星」二一型がある。

「彗星」一二型：改良生産型であり，1944年に326機生産された。エンジンは愛知航空機の液冷直列「アツタ32」に換装した。派生型に後方旋回機銃を強化した「彗星」一二甲型，二式艦上偵察機一二型，後方旋回機銃を強化した二式艦上偵察機一二甲型，カタパルト発進できるように機体構造を強化した「彗星」二二型がある。「彗星」一二型の偵察員席後方に斜銃を追加した夜間戦闘機が「彗星」一二戊型である。

「彗星」三三型：量産型。エンジンを空冷の三菱重工業の「金星62」に換装した陸上爆撃機型であり，1944年から1945年に536機生産された。派生型として後方用旋回機関銃を強化した三三甲型がある。

「彗星」四三型：量産型。1945年までに296機生産された。「彗星」三三型の後席を廃止し，防弾装備を強化した特別攻撃型である。

「彗星」は，製造受注を受けた愛知航空機が一一型，一二型，三三型，四三型を1,818機生産し，第十一海軍航空廠が430機生産した。

アメリカ軍に捕獲されて評価試験を受ける「零戦」。アメリカ軍が最初に捕獲したのは，1942年にアリューシャン列島のダッチ・ハーバーを攻撃した後に不時着した「零戦」である。

艦上攻撃機「天山」(中島飛行機, B6N, “ジル”)

十四試艦上攻撃機：試作機であり，1941年から1942年に2機生産された。

「天山」一一型：量産型であり，1943年に133機生産された。エンジンは中島飛行機の「護11」である。

「天山」一二型：1943年から1945年に1,133機生産された。エンジンは三菱重工業の「火星25」である。武装強化型が「天山」一二甲型である。

「天山」一三型：試作機であり，「天山」一二型を再設計した陸上爆撃機である。エンジンは三菱重工業の「火星25乙」である。

艦上攻撃機「流星」
(愛知航空機, B7A, “グレース”)

「流星」：初度生産型であり，1942年から1944年に9機生産された。

「流星」一一型：量産型であり，1944年から1945年に愛知航空機で80機，第二十一海軍航空廠で25機生産された。一一型のうちの1機はエンジンを中島飛行機の「誉23」に換装している。

試製「流星」改一：エンジンを三菱重工業の「ハ43-11」に換装した機体であり，計画のみに終わった。

4：飛行艇と水上機

零式観測機(三菱重工業, F1M, “ピート”)

十試観測機：試作機であり，4機生産された。エンジンは三菱重工業の「瑞星13」である。

零式観測機一一型：量産型であり，三菱重工業で524機，第二十一海軍航空廠で590機生産された。

九七式飛行艇(川西航空機, H6K, “メイヴィス”)

九七式一号飛行艇：初度試作機であり，1936年から1938年に4機生産された。

九七式一号飛行艇一型：生産用に改良した試作機であり，1938年に3機生産された。エンジンは三菱重工業の「金星43」である。

九七式飛行艇一一型：量産型であり，1938年から1939年に10機生産された。エンジンは「金星43」。装備は九七式一号飛行艇一型とほぼ同様である。

九七式輸送飛行艇：輸送機型試験機であり，1939年に2機生産された。

九七式輸送飛行艇：参謀用輸送機であり，1939年に2機生産された。

九七式飛行艇二二型：量産型であり，1939年から1942年に127機生産された。主要生産型であり，燃料容量が増加し，武装を改良した。1941年8月からエンジンを三菱重工業の「金星46」に換装した。

九七式飛行艇二三型：量産型であり，1942年に36機生産された。最終生産型であり，武装を強化し，エンジンを三菱重工業の「金星51」か「金星53」に換装した。

九七式輸送飛行艇：輸送機型であり，1940年から1942年に16機生産された。民間航空の大日本航空で使用された。

九七式輸送飛行艇：輸送機型であり，1942年から1943年に20機生産された。エンジンは三菱重工業の「金星46」である。

九七式輸送飛行艇：輸送機型であり，九七式飛行艇二二型の改良型で1942年に2機生産された。

零式水上偵察機(愛知航空機, E13A, “ジェイク”)

零式水上偵察機：試作機と量産型であり，1938年から1942年に愛知航空機で113機，1940年から1942年に第十一海軍航空廠で48機生産され，1942年から1945年に九州飛行機で1,237機生産された。主要量産型は零式水上偵察機一一甲型であり，フロートの支柱，プロペラスピナー，通信装置を改良した。また，派生型に磁気探知機を搭載した零式水上偵察機一一乙型がある。

二式飛行艇(川西航空機, H8K, “エミリー”)

二式飛行艇一一型：初度試作機であり，1940年に1機生産された。エンジンは三菱重工業の「火星11」を搭載した。のちにエンジンを三菱重工業の「火星22」を搭載した輸送機型が生産された。

二式飛行艇一一型：増加試作機であり，1941年に2機生産された。

二式飛行艇一一型：量産型であり，1941年から1942年に14機生産された。後期生産型は三菱重工業の「火星12」エンジンを搭載した。

二式飛行艇一二型：量産型であり，1943年から1945年に112機生産された。エンジンは三菱重工業の「火星22」であり，武装を強化し，燃料タンクの防弾性

能を向上させ，磁気探知機を搭載した

二式飛行艇二二型：1944年に2機生産された。翼端フロートと後部機銃を引き込み式にした。

二式飛行艇二三型：二二型を改良した試作機であり，1945年に2機生産された。エンジンは三菱重工業の「火星25乙」である。

「晴空」三二型：輸送機型であり，1943年から1945年に36機生産された。二式飛行艇一二型の武装を取り去り，輸送機型に改修した機体である。

二式水上戦闘機（中島飛行機, A6M2, “ルーフ”）

二式水上戦闘機：試作機，量産機であり，1941年から1943年に327機生産された。

特殊攻撃機「晴嵐」（愛知航空機, M6A1）

「晴嵐」：試作機であり，1943年から1944年に8機生産された。

「晴嵐」：量産型であり，1944年から1945年に18機生産された。

「晴嵐」改：試作機であり，1945年に2機生産された。

5：ロケット機，ジェット機

特別攻撃機「桜花」（海軍航空技術廠, MXY7）

「桜花」一一型：155機生産された。

「桜花」二二型：弾頭を小型化し，モータージェットエンジンに換装した機体であり，50機生産された。

「桜花」練習用滑空機：飛行訓練機であり，45機生産された。

「桜花」四三型練習機：2機生産された。陸上からのカタパルト発進訓練のための複座訓練機であり，引き込み式の尾そりを持ち，水平尾翼と垂直尾翼は展開して取り付けられている。

「桜花」の生産は横須賀の海軍航空廠で行われ，さらに霞ヶ浦の第一航空技術廠で600機分の部品が完成していた。

局地戦闘機「秋水」（三菱重工業, キ200, J8M）

「秋水」：1945年に7機生産された。

「秋草」：海軍はMXY8，陸軍はク13である。「秋水」の飛行訓練のために，第一海軍技術廠が製作した軽量滑空機であり，三菱重工業で50～60機生産された。バラストを積んだ重量滑空機は，海軍用は前田航空機製作所で，陸軍用は横井航空で生産され，2機が完成した。

特殊攻撃機「橘花」（中島飛行機）

「橘花」は1945年に2機生産された。

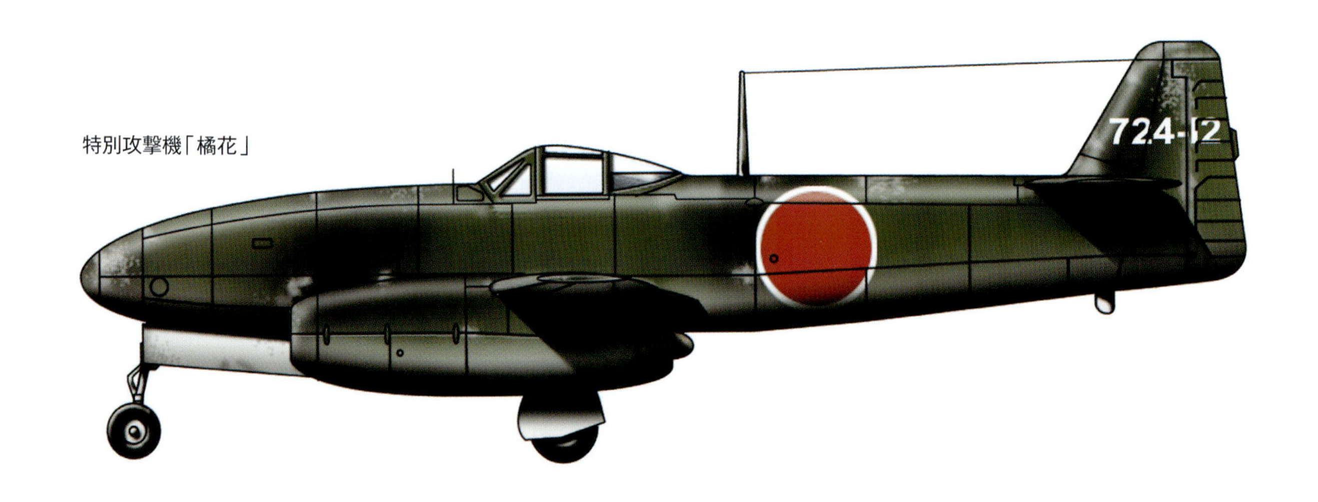

特別攻撃機「橘花」

連合軍コードネーム

日本軍機の連合軍コードネームは，次の方針で命名している。

・単発戦闘機，双発戦闘機：男性名
・水上偵察機，爆撃機，攻撃機，急降下爆撃機，偵察機，飛行艇：女性名
・訓練機：木の名
・グライダー：鳥の名

連合軍コードネーム	製造会社　試作名称／略符号	陸海軍の区分 航空機名称	備考
“アブダル”	中島飛行機　キ27	陸軍　九七式戦闘機	“ネイト”に統一
“アダム”		架空の機体	
“アルフ”	川西航空機　E7K	海軍　九四式水上偵察機	
“アン”	三菱重工業　キ30	陸軍　九七式軽爆撃機	
“バブス”	三菱重工業　キ15　C5M	陸軍　九七式司令部偵察機／海軍　九八式陸上偵察機	
“バカ”	海軍航空技術廠　MX7Y	海軍　特別攻撃機「桜花」	
“ベレ”	川西航空機　H3K1	海軍　九〇式飛行艇	
“ベン”		架空の機体	
“ベス”		ハインケルHe111	陸軍で使用していると誤認
“ベティ”	三菱重工業　G4M/G6M	海軍　一式陸上攻撃機，翼端援護機，一式大型陸上練習機，一式陸上輸送機	
“ボブ”		架空の機体	
“ボブ”	川崎航空機　キ28	陸軍　試作機	陸軍で生産されたと誤認
“ブザード”	日本国際航空工業　キ105	陸軍　試作輸送機「鳳（おおとり）」	
“セダー”	立川飛行機　キ17	陸軍　九五式一型練習機	
“チェリィ”	海軍航空技術廠　H5Y	海軍　九九式中型飛行艇	
“クララ”	立川飛行機　キ70	陸軍　試作司令部偵察機	
“クロード”	三菱重工業　A5M	海軍　九六式艦上戦闘機	
“サイプレス”	九州飛行機　K9W，日本国際航空工業　キ86	海軍　二式陸上基本練習機「紅葉（こうよう）」／陸軍　四式基本練習機	

連合軍コードネーム	製造会社　試作名称 / 略符号	陸海軍の区分 航空機名称	備考
“ダブ”	中島飛行機　E8N	海軍　九五式二号水上偵察機	
“ディック”	セバスキー　A8V1	海軍　セバスキー陸上複座戦闘機	
“ダイナ”	三菱重工業　キ46	陸軍　百式司令部偵察機	
“ドック”		メッサーシュミットBf110	陸軍で使用していると誤認
“ドリス”		架空の機体	
“ドット”	海軍航空技術廠　D4Y	海軍　艦上爆撃機「彗星」	“ジュディ”に統合
”エドナ”	満州飛行機製造　キ71	陸軍　地上攻撃偵察試作機	
“エミリー”	川西航空機　H8K	海軍　二式飛行艇	
“エバ”，“イブ”	三菱重工業　「鳳」	民間　長距離偵察機	爆撃機と誤認
“フランシス”	海軍航空技術廠　P1Y	海軍　陸上爆撃機「銀河」，夜間戦闘機「白光」，夜間戦闘機「極光」	
“フランク”		架空の機体	“ハリー”と同様
“フランク”	中島飛行機　キ84	陸軍　四式戦闘機「疾風」	二番目の命名
“フレッド”		フオッケウルフFw190A	陸軍で使用していると誤認
“ガンダー”	日本国際航空工業　ク8	陸軍　四式特殊輸送機	前のコードネームは“グース”
“ジョージ”	川西航空機　N1K-J	海軍　局地戦闘機「紫電」	
“グレン”	海軍航空技術廠　E14Y	海軍　零式小型水上偵察機	
“グース”	日本国際航空工業　ク8	陸軍　四式特殊輸送機	のちに“ガンダー”に改名
“グレース”	愛知航空機　B7A	海軍　艦上攻撃機「流星」	
“グス”		架空の機体	
“グウェン”	三菱重工業　キ21-Ⅱb	陸軍 九七式重爆撃機二型乙	“サリー”に統合
“ハンプ”	三菱重工業　A6M3	海軍 零式艦上戦闘機三二型	当初“ハップ”，その後“ハンプ”，最後は“ジーク”
“ハンク”	愛知航空機　E10A	海軍　九六式水上偵察機	
“ハリー”		架空の機体	
“ヘレン”	中島飛行機　キ49	陸軍　百式重爆撃機「呑龍」	
“ヒッコリー”	立川飛行機　キ54	陸軍　一式双発高等練習機	
“アイダ”	立川飛行機　キ36，キ55	陸軍　九八式直接協同偵察機，九九式高等練習機	
“イオン”		架空の機体	

連合軍コードネーム	製造会社　試作名称／略符号	陸海軍の区分 航空機名称	備考
“イレーヌ”		ユンカースJu87A	陸軍で使用していると誤認
“アービング”	中島飛行機　J1N	海軍　二式陸上偵察機，夜間戦闘機「月光」	
“ジャック”	三菱重工業　J2M	海軍　局地戦闘機「雷電」	
“ジェイク”	愛知航空機　E13A	海軍　零式水上偵察機	
“ジェーン”	三菱重工業　キ21	陸軍　九七式重爆撃機	のちに“サリー”
“ジャニス”		ユンカースJu88A	陸軍で使用していると誤認
“ジーン”	海軍航空技術廠　B4Y	海軍　九六式艦上攻撃機	
“ジェリィ”		ハインケルHe112	陸軍と海軍で使用していると誤認
“ジル”	中島飛行機　B6N	海軍　艦上攻撃機「天山」	
“ジム”	中島飛行機　キ43	陸軍　一式戦闘機「隼」	“オスカー”に統一
“ジョー”		架空の機体	
“ジョイス”	立川飛行機　キ54	陸軍　一式双発軽爆撃機	“ヒッコリー”の誤認
“ジュディ”	海軍航空技術廠　D4Y	海軍　二式艦上偵察機，艦上爆撃機「彗星」	
“ジュリア”	三菱重工業　キ21	陸軍　九七式重爆撃機	“サリー”の誤認
“ジュン”		海軍　零式水上偵察機の誤認で，九九式艦上爆撃機の水上機型と見ていた。	
“ケイト”	三菱重工業　B5M	海軍　九七式艦上攻撃機	当初は“メイベル”
“ケイト”	中島飛行機　B5N	海軍　九七式艦上攻撃機	
“ラウラ”	愛知航空機　E11A	海軍　九八式水上偵察機	
“リリィ”	川崎航空機　キ48	陸軍　九九式双発軽爆撃機	
“リズ”	中島飛行機　G5N	海軍　十三試陸上攻撃機試製「深山（しんざん）」	
“ローナ”	九州飛行機　Q1W	海軍　対潜哨戒機「東海（とうかい）」	
“ルイス”	三菱重工業　キ2	陸軍　九三式双発軽爆撃機	または“ロイス”
“ルーク”	三菱重工業　J4M	海軍　十七試局地戦闘機「閃電（せんでん）」	
“メイベル”	三菱重工業　B5M	海軍　九七式艦上攻撃機六二型	以前は“ケイト”

連合軍コードネーム	製造会社　試作名称／略符号	陸海軍の区分 航空機名称	備考
“マリィ”	川崎航空機　キ32	陸軍　九八式軽爆撃機	
“メイヴィス”	川西航空機　H6K	海軍　九七式飛行艇	
“マイク”		メッサーシュミット Bf109E	陸軍で使用していると誤認
“ミリー”		ヴァルティ V-11GB	日本で生産されたと誤認
“ミイト”	中島飛行機　C6N	海軍　艦上偵察機「彩雲」	
“ネイト”	中島飛行機　キ27	陸軍　九七式戦闘機	
“ネル”	三菱重工業　G3M／ 海軍航空技術廠　L3Y	海軍　九六式陸上攻撃機， 九六式陸上輸送機	
“ニック”	川崎航空機　キ45改	陸軍　二式複座戦闘機 「屠龍」	
“ノーム”	川西航空機　E15K	海軍　水上偵察機「紫雲」	
“ノーマ”		架空の機体	
“オーク”	九州飛行機　K10W	海軍　二式中間練習機	
“オマール”		架空の機体	
“オスカー”	中島飛行機　キ43	陸軍　一式戦闘機「隼」	“ジム”としても知られる。
“パット”	立川飛行機　キ74	当初は戦闘機として識別	
“パスティ”	立川飛行機　キ74	陸軍 試作長距離偵察爆撃機	
“ポール”	愛知航空機　E16A	海軍　水上爆撃機「瑞雲」	
“ペギィ”	三菱重工業　キ67	陸軍　四式重爆撃機「飛龍」	
“ペリー”	川崎航空機　キ10	陸軍　九五式戦闘機	
“ピート”	三菱重工業　F1M	海軍　零式水上観測機	
“パイン”	三菱重工業　K3M	海軍　九〇式機上作業練習機	
“ランディ”	川崎航空機　キ102b	陸軍　四式襲撃機	
“レイ”	三菱重工業	海軍　零式艦上戦闘機	“ジーク”の誤認
“レックス”	川西航空機　N1K	海軍　水上戦闘機「強風」	
“リタ”	中島飛行機　G8N	海軍　十八試陸上攻撃機 「連山」	
“ロブ”	川崎航空機　キ64	陸軍　試作戦闘機	
“ルーフ”	中島飛行機　A6M2-N	海軍　二式水上戦闘機	
“ラス”	フィアット　BR.20	陸軍　イ式重爆撃機	
“サリー”	三菱重工業　キ21	陸軍　九七式重爆撃機	当初は“ジェーン”

連合軍コードネーム	製造会社　試作名称／略符号	陸海軍の区分 航空機名称	備考
“サム”	三菱重工業　A7M	海軍　十七試艦上戦闘機 「烈風」	
“サンディ”	三菱重工業　A5M	海軍　九六式艦上戦闘機	のちに“クロード”に統合
“スリム”	渡邊鉄工所　E9W	海軍　九六式小型水上機	
“ソニア”	三菱重工業　キ51	陸軍　九九式襲撃機	
“スプルース”	立川飛行機　キ9	陸軍　九五式中間練習機	
“ステラ”	日本国際航空工業　キ76	陸軍　三式指揮連絡機	
“スティーブ”		架空の機体	
“スージー”	愛知航空機　D1A	海軍　九四式艦上爆撃機	
“ダビィ”	ダグラス　L2D	海軍　零式輸送機	
“テス”	ダグラス　DC-2	海軍　零式輸送機	
“タリア”	川崎航空機　キ56	陸軍　一式貨物輸送機	
“テルマ”	ロッキード　14	陸軍　ロ式輸送機	
“テレサ”	日本国際航空工業　キ59	陸軍　一式輸送機	
“トーラ”	中島飛行機　キ34	陸軍　九七式輸送機	
“ティナ”	三菱重工業　キ33	陸軍　九六式輸送機	九六式陸上輸送機と誤認
“ティリィ”	海軍航空技術廠　H7Y	海軍　十二試特殊飛行艇	
“トビィ”	ロッキード　14	民間　ロ式輸送機	
“トージョー”	中島飛行機　キ44	陸軍　二式単座戦闘機 「鍾馗」	
“トニー”	川崎航空機　キ61	陸軍　三式戦闘機「飛燕」	
“トプシィ”	三菱重工業　キ57/L4M	陸軍　百式輸送機／ 海軍　零式輸送機	
“トリクシィ”		ユンカースJu52/3m	陸軍で使用していると誤認
“トルーディ”		フオッケウルフFw200	陸軍で使用していると誤認
“ヴァル”	愛知航空機　D3A	海軍　九九式艦上爆撃機	
“ウィロウ”	川崎航空機　K5Y	海軍　九三式中間練習機	
“ジーク”	三菱重工業　A6M	海軍　零式艦上戦闘機	

日本陸海軍機の命名法

陸軍の命名法，機体番号と制式名称

1933年，陸軍は，機体には開発計画順に機体番号として「キ番号」を割り当てることを決め，その制度は1944年まで続いた。その後は，秘密保全のため順不同になった。

「キ番号」は，開発から部隊で運用する間も使用され，改修や機材の換装があれば変更された。三式戦闘機「飛燕」の場合，「キ番号」はキ61である。

キ61の生産型はキ61-Ⅰ甲（数字はローマ数字，順序は十干）である。キ61-Ⅰの二番目の改造型はキ61-Ⅰ乙，三番目の改造型はキ-61-Ⅰ丙，四番目の改造型はキ-61-Ⅰ丁である。

大改修した後の機体番号はキ61-Ⅱであるが，さらに部分改修があったのでキ61-Ⅱ改となった。キ61-Ⅱ改の生産型はキ61-Ⅱ改甲，そして次の改修型はキ61-Ⅱ改乙である。さらに大改修された機体はキ61-Ⅲとなる。そして，その後の生産機にもこのような命名法が採用された。

1927年以降，陸軍に制式採用されると，型式番号に機種名を組み合わせた制式名称がつけられた。型式番号は，採用された「皇紀の下二桁」を採用した。皇紀2599年（西暦1939年）に採用されれば，型式番号は「九九」となる。一例として九九式双発軽爆撃機がある。改良型は連続した機体とみなして表記する。

1940年以降は制度が変更された。三式戦闘機「飛燕」を例にとると，「キ番号」はキ61であるが型式番号はない。制式に採用されると，制式名称は「三式戦闘機」である。「三式」は皇紀2603年に採用されたことに由来する。「飛燕」は通称である。量産型は三式戦闘機一型甲（キ61-Ⅰ甲），改良型が三式戦闘機一型乙（キ61-Ⅰ乙），そして一型丙（キ61-Ⅰ丙），一型丁（キ61-Ⅰ丁）となる。

一方，三式戦闘機一型を大幅に改修したキ61-Ⅱが制式に採用されれば，三式戦闘機二型甲（キ61-Ⅱ甲）となり，ついで三式戦闘機二型乙（キ61-Ⅱ乙）となる。

海軍の命名法，略符号と制式名称

海軍は，陸軍とは異なる命名法を採用した。1931年から，試作機は「試作年度」，試作機を示す「試」，そして「機種」をつけた。一例として，昭和12年に開発が始まった「十二試艦上戦闘機」がある。

試作機が海軍に制式に採用されれば，略符号（すべての資料は次のページ以降に記載している）がつけられる。例えば，零式艦上戦闘機の略符号A6M2を例にとると，「A」は艦上戦闘機，「6」は艦上戦闘機として6番目の機体，「M」は設計した三菱重工業の符号，「2」は二番目を示す。

機体が改修されれば，略符号は変更される。例えば，A6M2の改修型はA6M5であり，その部分改修型がA6M5cとなる。もし，A6M2が練習用戦闘機に改修されれば，A6M2-Kとなる

機体が制式採用されれば，制式名称がつけられる。1929年から始まった制式名称制度は，「皇紀年号の下二桁」と「機種名」であり，1942年まで用いられた。

陸海軍の命名法の唯一の違いは，皇紀2600年（1940年）に採用された機体は，陸軍は「百式」だが，海軍は「零式」を用いたことである。例えば，A6M2の制式名称は零式艦上戦闘機であり，そして，最初の型の型式番号は「一一型」，最初の種類には「甲」（順序は十干）がつけられる。

1930年代末に型式番号は改正された。一桁目は機体の改修，二桁目はエンジンの換装を示す。例えば，初度量産型を「一一型」とすると，機体を改修すれば「二一型」，エンジンを換装すれば「一二型」，機体を改修し，エンジンを換装すれば「二二型」になる。改修型のA6M5の場合は「五二型」であり，制式名称は零式艦上戦闘機五二型である。

1942年以降，制式名称は名前に変更された。例えば，愛知航空機製のE16A1は，水上偵察機「瑞雲」一一型と命名された。「瑞雲」は制式名称である。

日本海軍航空隊の略符号制度

略号	機種	略符号	航空機名称
A	艦上戦闘機	A1N1/A1N2	三式一号艦上戦闘機／三式二号艦上戦闘機
		A2N1/A2N3	九○式艦上戦闘機一型／九○式艦上戦闘機三型
		A3N1	七試艦上戦闘機
		A4N1	九五式艦上戦闘機
		A5M1/A5M4	九六式一号艦上戦闘機／九六式四号艦上戦闘機
		A5M4-K	九六式練習用戦闘機
		A6M1/A6M8	零式艦上戦闘機一一型／零式艦上戦闘機五四丙型／六四型
		A6M2-K/A6M5-K	零式練習用戦闘機一一型／零式練習用戦闘機五二型
B	艦上攻撃機（雷撃，水平爆撃）	B1M1/B1M3	一三式一号艦上攻撃機／一三式三号艦上攻撃機
		B2M1/B2M2	八九式一号艦上攻撃機／八九式二号艦上攻撃機
		B3Y1	九二式艦上攻撃機
		B4N1	九六式艦上攻撃機
		B4Y1	九六式艦上攻撃機
		B5M1	九七式艦上攻撃機六一型
		B5N1/B5N2	九七式艦上攻撃機一一型／九七式艦上攻撃機一二型
		B6N1/B6N3	艦上攻撃機「天山」一一型／艦上攻撃機「天山」一三型
		B7A1/B7A3	艦上攻撃機「流星」一一型／試製「流星」改一
C	艦上偵察機	C1M1/C1M2	一○式艦上偵察機一型／一○式艦上偵察機二型
		C2N1/C2N2	フォッカー式陸上偵察機／フォッカー式水上偵察機
		C3N1	九七式艦上偵察機
		C4A1	十三試高速陸上偵察機
		C5M1/C5M2	九八式陸上偵察機一一型／九八式陸上偵察機一二型
		C6N1/C6N2	艦上偵察機「彩雲」一一型／艦上偵察機「彩雲」一二型

略号	機種	略符号	航空機名称
D	艦上爆撃機（急降下爆撃）	D1A1	九四式艦上爆撃機
		D1A2	九六式艦上爆撃機
		D2N1/D2N3	八試特殊爆撃機一号 / 八試特殊爆撃機三号
		D2Y1	八試特殊爆撃機
		D3A1/D3A2	九九式艦上爆撃機一一型 / 九九式艦上爆撃機二二型
		D3M1	十一試艦上爆撃機
		D3N1	十一試艦上爆撃機
		D3Y1-K/D3Y2-K	九九式練習用爆撃機「明星（みょうじょう）」/ 九九式練習用爆撃機一二型
		D4Y1/D4Y5	艦上爆撃機「彗星」一一型 / 艦上爆撃機「彗星」五四型
		D4Y1-C/D4Y2-Ca	二式艦上偵察機一一型 / 二式艦上偵察機一二甲型
		D5Y1	九九式練習用爆撃機「明星」改
		DXD1	艦上爆撃機BT-1（アメリカ海軍機）
		DXHe1	急降下爆撃機He118（ドイツ空軍機）
E	水上偵察機	E1Y1/E1Y3	一四式一号水上偵察機 / 一四式三号水上偵察機
		E2N1/E2N2	一五式水上偵察機一型 / 一五式水上偵察機二型
		E3A1	九〇式一号水上偵察機
		E4N1/E4N3	九〇式二号水上偵察機一型 / 九〇式二号水上偵察機三型
F	観測機	F1A1	十試水上観測機
		F1M1/F1M2	十試水上観測機 / 零式観測機一一型

略号	機種	略符号	航空機名称
G	陸上攻撃機	G1M1	九三式陸上攻撃機
		G2H1	九五式陸上攻撃機
		G3M1/G3M3	九六式陸上攻撃機一一型 / 九六式陸上攻撃機二三型
		G4M1/G4M3	一式陸上攻撃機一一型 / 一式陸上攻撃機二三型
		G5N1/G5N2	陸上攻撃機「深山」/ 陸上攻撃機「深山」改
		G6M1	十二試陸上攻撃機改
		G6M1-K	一式大型陸上練習機一一型
		G6M1-L2	一式陸上輸送機一一型
		G7M1	十六試陸上攻撃機「泰山」
		G8N1/G8N3	十八試陸上攻撃機「連山」/ 十八試陸上攻撃機「連山」改
		G9K1	十七試陸上攻撃機
		G10N1	試作大型爆撃機「富嶽」
H	飛行艇（偵察）	H1H1/H1H3	一五式一号飛行艇 / 一五式二号飛行艇
		H2H1	八九式飛行艇
		H3H1	九〇式一号飛行艇
		H4H	九一式飛行艇
		H5Y1	九九式飛行艇
		H6K	九七式一号飛行艇
		H8K	二式飛行艇
J	陸上戦闘機	J1N1	十三試双発陸上戦闘機
		J1N1-C/J1N1-R	二式陸上偵察機
		J1N1-S	夜間戦闘機「月光」一一型
		J2M1/J2M7	十四試局地戦闘機 / 局地戦闘機「雷電」二三型
		J3K1	十七試陸上戦闘機
		J4M1	試製「閃電」
		J5N1	十八試局地戦闘機「天雷」
		J6K1	試製「陣風」
		J7W1/J7W2	十八試局地戦闘機「震電」/「震電」改
		J8M1/J8M2	局地戦闘機「秋水」/「秋水」改

略号	機種	略符号	航空機名称
K	訓練機	K1Y1/K1Y2	一三式陸上練習機 / 一三式水上練習機
		K2Y1/K2Y2	三式一号陸上練習機 / 三式二号陸上練習機
		K3M	九〇式機上作業練習機
		K5Y	九三式中間練習機
		K7M	十一試機上作業練習機
		K8W1	十二試水上初歩練習機
		K9W1	「紅葉」一一型
		K10W1	二式陸上中間練習機
		K11W1	機上作業練習機「白菊」一一型
L	輸送機	L1N1	双発輸送機
		L2D1	D1型輸送機
		L2D2/L2D5	零式輸送機一一型 / 零式輸送機三三型
		L3Y1/L3Y2	九六式陸上輸送機一一型 / 九六式陸上輸送機二一型
		L4M1	双発輸送機
		L7P1	十三試小型輸送機
M	特殊飛行艇	M6A1	特殊攻撃機「晴嵐」
		M6A1-K	試製「晴嵐」改
MX	特殊機	MXJ1	練習用滑空機「若草」
		MXY1/MXY2	試作実験用飛行機第一号 / 試作実験用飛行機第二号
		MXY3	滑空標的機
		MXY4	一式標的機
		MXY5	十六試特殊輸送機
		MXY6	前翼型滑空機
		MXY7	特別攻撃機「桜花」一一型
		MXY8	特殊機「秋草」
		MXY9	試製「秋花」
		MXY10	囮飛行機
		MXY11	囮飛行機

略号	機種	略符号	航空機名称
N	水上戦闘機	N1K1/N1K2	水上戦闘機「強風」一一型 ／ 水上戦闘機「強風」二二型
		N1K1-J	局地戦闘機「紫電」一一型
		N1K2-J/N1K5-J	局地戦闘機「紫電」二一型（紫電改）／ 試製「紫電改」五
		N1K2-K	仮称「紫電」練習戦闘機型
P	陸上爆撃機	P1Y1/P1Y6	陸上爆撃機「銀河」一一型 ／ 陸上爆撃機「銀河」一七型
		P1Y1-S	陸上爆撃機「銀河」二一型
		P1Y2-S	夜間戦闘機「極光」
Q	哨戒機（対潜作戦）	Q1W1/Q1W2	陸上哨戒機「東海」一一型
		Q2M1	十九試陸上哨戒機「大洋」
		Q3W1	哨戒機「南海」
R	陸上偵察機	R1Y1	十七試偵察機「暁雲」
		R2Y1/R2Y2	偵察機「景雲」／ 偵察機「景雲」改
S	夜間戦闘機	S1A1	夜間戦闘機「電光」

1941年12月の真珠湾攻撃で有名になった空母「赤城」。「零戦」が甲板に待機している。1927年に竣工した空母「赤城」は，姉妹艦の空母「加賀」とともに第1航空艦隊に所属した。真珠湾攻撃では，「零戦」21機，九七式艦上攻撃機27機，九九式艦上爆撃機18機，合計64機を搭載していた。

Picture Credits

Alamy: 88/89 (Aviation History Collection)
Art-Tech/Aerospace: 7, 26, 30/31, 54/55, 98, 104
Cody Images: 6, 8/9, 16, 21, 39, 64, 69, 71, 74, 80, 84, 91
US Department of Defense: 76/77
All artworks ©Art-Tech/Aerospace except 18, 19, 43, 86, 92 all ©Vincent Bourgui

本書の内容について：最新の研究に基づき，原著の出版社の承諾を得て，一部の記述について情報を更新しています。また，原著の出版社の承諾を得て，一部の画像を省略しています。

▍著者
Thomas Newdick ／トーマス・ニューディック
雑誌『Air Forces Monthly』の元編集者，航空，防衛関連のライター兼編集者。戦闘機に関する多数の書籍を執筆している。『Combat Aircraft』『Aircraft Illustrated』などをはじめ，主要な航空出版物に定期的に寄稿しているほか，ウェブサイト「The War Zone」に寄稿している。

▍監修者・訳者
源田 孝／げんだ・たかし
元防衛大学校教授。元空将補。専門は軍事史。防衛大学校航空工学科卒業。早稲田大学大学院公共経営研究科修了（公共経営学修士）。戦略研究学会監事。訳書に『戦略の形成-支配者，国家，戦争』（共訳，中央公論新社）ほか，著書，訳書多数。

第二次世界大戦の
日本の航空機 大図鑑
Japanese Aircraft of World War II 1937-1945

2025年1月20日発行

著者　トーマス・ニューディック
監修者・訳者　源田 孝
翻訳，編集協力　株式会社 ぷれす
編集　道地 恵介
表紙デザイン　岩本 陽一
発行者　松田 洋太郎
発行所　株式会社 ニュートンプレス
〒112-0012 東京都文京区大塚 3-11-6

ISBN 978-4-315-52881-7
